心若优雅 岁月无恙

做个从容知性的女子

黄亚婷◎著

台海出版社

图书在版编目(CIP)数据

心若优雅,岁月无恙 / 黄亚婷著. — 北京 : 台海出版社,
2017.8

ISBN 978-7-5168-1495-6

Ⅰ. ①心… Ⅱ. ①黄… Ⅲ. ①女性-修养-通俗读物
Ⅳ. ①B825-49

中国版本图书馆 CIP 数据核字(2017)第 180636 号

心若优雅,岁月无恙

著　　者:黄亚婷

责任编辑:高惠娟　赵旭雯

装帧设计:芒　果　　　版式设计:通联图文

责任校对:王　杰　　　责任印制:蔡　旭

出版发行:台海出版社

地　　址:北京市东城区景山东街 20 号　邮政编码:100009

电　　话:010-64041652(发行,邮购)

传　　真:010-84045799(总编室)

网　　址:www.taimeng.org.cn/thcbs/default.htm

E - mail:thcbs@126.com

经　　销:全国各地新华书店

印　　刷:北京鑫瑞兴印刷有限公司

本书如有破损、缺页、装订错误,请与本社联系调换

开　　本:640mm×960 mm　1/16

字　　数:200 千字　　印　　张:17

版　　次:2017 年 8 月第 1 版　　印　　次:2017 年 8 月第 1 次印刷

书　　号:ISBN 978-7-5168-1495-6

定　　价:38.00 元

前言

PREFACE

1

女人似水，成熟知性的女人，婉约有致，内涵丰富，像宽阔平稳的江河，虽然浪花少了，色彩淡了，可积淀多了，韵味足了，其中每一条波纹，每一滴水声，都让人心醉。

知性女人就像一块被精心雕琢的璞玉，经过时光的细细打磨，越发显得晶莹、圆熟。知性被女人吸纳之后，就会令女人独具内蕴，展现出举止优雅的一面，待人处事落落大方，让人赏心悦目。她用身体语言告诉你，她是一个时尚的、得体的、尊重别人、爱惜自己又懂得生活的女人，她的为人处世能力和女性魅力一样令人刮目相看。

是的，她们自信、大度、聪明、睿智，她们感性却不张狂，典雅却不孤傲，内敛却不失风趣。她们虽算不上天姿国色，但却都很有才情，而且温和、清爽，不失真实。她们身上温润的芬芳，愈品愈香浓，其中不仅有藏不住的妩媚动人的女人味，还沁出了淡淡诗情。

2

如何修炼成一个知性女人呢？

其一，要头脑明晰，心智成熟。

知性女人，会审时度势，追随着时代的脉搏勇敢前行，她对新生事物会持一种见怪不怪的洒脱态度，面对喧嚣的尘埃，以理智笑纳势如汹汹，以平静化解余波激荡，永远不囿于陈规陋习，永远不固执己见。历经岁月的磨砺，知性女人褪去了年少轻狂，淡化了个性，物我两忘。

她会冷静地审视自己走过的路，在理智前行的同时，不断回首来时的一次次蝶变。她会一次次地挣扎着破茧而出，在一次次的磨砺中成熟起来，并积累着经验。以一种让人折服的姿态，展现知性女人的魅力。

其二，要有健康的心态，不老的情怀。

知性女人，有一个健康的心态，才能正确处理事情，正确面对感情。健康的心态，让她不以物喜，不以己悲，少了浮躁和争强好胜，多了娴静与淡定恬然。寒来暑往，斗转星移，世事轮回，她能于冥冥中感悟那一个规律，勘破人伦世态的玄机，把握开启生命转轮的钥匙。

知性女人健康向上，热爱生活，遵循自然的规律，她会将生命中一切可圈可点的灿烂，融进如歌的生命旋律中，无论是激扬的，还是舒缓的，都不脱离平淡的主旋律，在悠悠岁月的长河中，只如一缕清风般偶然回首，惬意地任岁月荡起丝丝涟漪。

有了健康的心态，就会多了健康的情怀，健康心态和情怀，会令女人年轻而美丽。

其三，有一份特长，驾驭自我。

知性女人能够善待每个人，感恩一切；能够从容恬淡，与世无争；还可以展示健康的心态，睿智而豁达地展现自我人格魅力。但仅限于此，还不能算是个“知性”的女性。女人的知性，还应该体现在独立设定价值观，并实现自我、彰显自我上面。

每个人都展现出自己那份才能，就可以体现自我价值。女人也一样，会一门手艺、一种特长，譬如理财、美容、健身、绘画，这些都可以一展她的才能，并且让她在自我挖掘、自我实现的过程中，感受到珍贵的快乐。

3

知性是成熟女人的专利，经历多了，坎坷多了，便积累成了财富。有了财富，女人的心便少了许多茫然和焦躁，无意中流露出一种岁月历练后的美丽与智慧。

知性女人的心中都有一把尺子，丈量着别人，也同时丈量着自己，并与外部环境始终保持着一种恰到好处的平衡。知性女人具有一种直面灵魂的坦然，爱或恨，拿得起也放得下。

一个真正“知性”的女人，不仅能征服男人，也能征服女人。因为她身上既有人格的魅力，又有女性的吸引力，更有智慧的影响力！

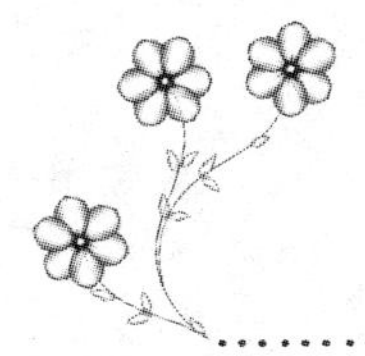

目录

CONTENTS

第一章　优雅女人的一生，都是边伤边成长

真正的优雅女人，不是生来就完美无缺的，而是在成长的过程中经历了各种历练，最终才变成了闪亮的珍珠。

第二章　一茶一饭，一笔一画：淡定应对各种生活琐事

每个女人的生活都不会是一帆风顺的，多少有着柴米油盐的烦恼，也会遭遇突如其来的打击，女人需要掌握如何面对生活的技巧。

第三章　知性之美，脱胎于良好的修养

知性的女人没有华丽的装饰，但在她的身上，有另一种美丽在闪烁，这种美丽，朴实无华，源自良好的修养。

第四章 拥抱坏情绪的黑夜，才能赢来灿烂的黎明

“再生气就不漂亮了”，你以为这只是一句玩笑话吗？当然不是，事实上真的就是如此。

第五章 心无赘物，宁可笑着放弃也不哭着占有

女人养活自己很容易，但要想养活自己的欲望就会很困难，我们之所以常常感到不快乐，只是因为自己的欲望不断在膨胀。

第六章　不被寂寞左右，不怕忍受孤独

不在寂寞中自制，便在寂寞中堕落；不在寂寞中升华，便在寂寞中糜烂；不在寂寞中永生，便在寂寞中腐朽。

第七章　吐气如兰，知性女人把话说得恰到好处

她可以直言曲达，把话说到别人的心窝里；她可以随机应变，应付突如其来的尴尬；她可以口吐莲花，把商品介绍得人见人爱；她可以妙语连珠，给人带来无穷的欢乐。

第八章　从容地爱，别让爱情输给了生活

从容，它没有形状，没有定势，是润物细无声的诱惑，是若隐若现的美景，是朝思暮想的探究，是以少胜多的智慧。

第九章　左手魅力右手智慧：创造你的职业光环

聪明的女人是不会安于现状，守着自己的小格子的，而是要出去占领更多的地盘。一旦有更好的发展空间，就会不顾一切，勇于冒风险，勇于拼搏，打造一片属于自己的更广阔的天空。

第十章　心若优雅，岁月静好现世安稳

女人优雅之树的根，要深扎在文化与经济的沃土里才枝繁叶茂。当优雅成为一种自然的气质时，你一定能让岁月静好，因为你已把握了自己的人生。

第一章

优雅女人的一生，都是边伤边成长

真正的优雅女人，不是生来就完美无缺的，而是在成长的过程中经历了各种历练，最终才变成了闪亮的珍珠。

1. 收起幻想，没有谁天生就“好命”

和男性相比，女性似乎天生爱幻想，关于这一点，女性对偶像剧和童话剧的痴迷就是最好的证明，不过，真实的生活总是冰冷而残酷的。

我们在现实生活中看到的那些光芒四射的“好命”女人，在成就她们当下的美丽人生之前，都经历过重重的成长磨难。

美国心理学家弗兰克·卡德勒曾经说：“我们都需要催化剂，来激活和开启我们自身因为种种原因而关闭的部分。”这个催化剂，就是我们生活中所经历的种种磨难。

全球著名的脱口秀女王奥普拉·温弗瑞，可以说是熟知这种“催化剂”的杰出女性。

奥普拉·温弗瑞是《时代》杂志评选出的“20世纪最具影响力的百位名人”之一，她拥有全美脱口秀节目的最高收视率，她的粉丝遍布全世界的132个国家。美国《名利场》杂志这样评价她：“可以说在大众文化中，奥普拉的影响力，可能除了教皇以外，比任何大学教授、政治家或者宗教领袖都大。”如今，奥普拉的名字已经成为黑人女性力量的象征。她坐拥10亿美元的资产，仅2005年度总收入就达2.25亿美元；她成为第一个登上福布斯富豪榜的黑人女性；在她的读书节目里出现过的书籍，总会一跃成为图书排行榜上的畅销书……

但是，人们很难想到，这位如今金光闪闪、生活幸福的女人，在过去的人生中，经历了比一般人更多的苦难。奥普拉来自美国南方的贫困地区，她是黑人、非婚生子女，因为动荡的家庭环境，她自小就顽劣不堪，曾经进过少管所、遭遇过亲人的性侵犯（导致她14岁生下孩子，但孩子不久之后就夭折了）。奥普拉的早年经历里充斥着抽烟、吸毒、酗酒，还有不堪回首的家庭创伤，很难相信，有着这样经历的女人，还会再拥有好命运。但是奥普拉却做到了，从出身寒微的私生女到身价亿万的富豪，从被凌辱的“问题少女”到闻名世界的“金牌主持”，她的故事是典型的美国式传奇，也是女人战胜磨难、赢得好人生的典型例子。

如今，奥普拉不仅是美国最富有的女性之一，也是美国女性的精神领袖，美国人将她称为“心灵女王”。9·11发生后，她作为主持人，在纽约的扬基体育场主持了一个多教派共同参加的仪式。参加仪式的有来自各行各界的人：有宗教界和政治领导人，也有演员和歌唱家。他们共同站在一起，向美国和世界展示悲剧发生后美国人的团结。在9·11发生后，所有美国人无论是否失去亲人都经历了那次悲剧。通过访谈、音乐和写作，奥普拉谈到了失去与绝望的独特性以及生活中的其他痛苦，探究黑暗的角落与光明的未来。她在自己的杂志中，以《我确实知道的事情》为题写了许多专栏文章，其中谈到了悲伤与快乐、匮乏与满足、普通与奇迹、困境与衰落。

奥普拉曾经在不同场合多次提到过“人生就像是一段旅程”。在她看来，人生所有的磨难，包括刻骨铭心的9·11，都是生命旅程中的一部分。但是，每个人的生命都会创造自己的道路，而她也相信，这条道路上所有发生的事情都是有原因的，只要我们愿意，这些事情都会是生命的财富。

奥普拉的成长经历就是磨难可以变成财富的最好说明。回首她的早年生活，很难把她与“好命运”联系在一起，奥普拉的童年和少年时期，简直就是典型的“坏命”，这种“坏命”给她带来的最大的磨难来源于她的家庭。分裂的家庭、亲人之间的折磨和伤害，这样的经历存在于许许多多女性的早年生活中。

对很多女人来说，生命中最不幸的一个事实是，她们所遭遇的第一个重大磨难多来自于家庭，而且这种磨难是可以遗传的。在现实生活中，有不少哀叹自己命运不济的女人，她们不仅全盘接受了自己不幸的命运，而且在不自觉中传递了这种不幸，这种无法逃避的早年不幸像一个诅咒一样在她们自己身上、在她们子女的身上传递，形成了一个个悲剧的循环。

但是，为什么奥普拉没有陷入这个悲剧的循环中？为什么她所经受的磨难最终成了成就她的动力？原因在于奥普拉接受了她生命中的阴影。接受它们成为自己的一部分。于是，神奇的事情发生了，因为磨难，她的生命焕发出了前所未有的光彩。

磨难是我们生活中的一部分，我们的天赋沉睡在一次次的磨难中，当我们发现它、接受它之后，我们的生命就会苏醒，我们就会从磨难走向光明。

绝大多数的女人在一生中要经历重重的磨难，像奥普拉，她长相平平、身材欠佳、经历悲惨，却成了千百万女性灵魂的拯救者，痛苦成了她的老师：她没有一味地沉浸其中，而是从痛苦中汲取了力量，这些痛苦，变成了她生命中最大的财富。

在女人一生的成长过程中，要经历高低起伏的人生过程，有些女人在磨难中沉沦、怨天尤人，被遇到的困难蹉跎了一生；有的女人将磨难看成了成功的催化剂，磨难激发了她们追求幸福的勇气和决心。所以要想赢得好命运，首先要学会直面磨难，不排斥磨难。

2. 别让昨天在你伤口上狂妄地撒盐

有些女人，喜欢夸大自己的伤口，也许她们希望别人体贴自己，也许她们想要宣泄压力，她们把自己的伤痛加倍，告诉别人也告诉自己，仿佛那些伤口再也没有办法愈合。事实上，影响愈合的正是这种留恋伤口的行为，她们忘不了伤口，也不愿意忽略，宁可把疼痛当作生活的重心，也不寻找方法进行“伤痛转移”。

其实，伤口留下的不过是一道疤，看似严重，早已不碍事，只有对它们念念不忘的人才会一次又一次受到伤害。

1967年夏天，美国跳水运动员乔妮·埃里克森在一次跳水比赛中发生事故，身负重伤，全身瘫痪。

那时，乔妮哭了，绝望了，她不能接受这个残酷的现实。出院后，她叫家人把她推到跳水池旁。她注视着那蓝盈盈的水波，仰望那高高的跳台，忍不住偷偷地哭了起来。她知道她再也不能站立在那洁白的跳板上了，再也无法融入那蓝盈盈的水波中了。

从此她被迫结束了自己的跳水生涯，那条通向跳水冠军领奖台的路上再也看不见她的踪影。

她一度绝望过，但她的心中还有信念。她拒绝了死神的召唤，开始冷静地思索人生的价值和生命的意义。

她借阅了许多励志以及前人如何成功方面的书籍，但读书却十分艰难，只能靠嘴衔根小竹片去翻书。

每一本书她都认认真真地用心去读，去感悟。有时病痛和疲惫常常迫使她停下来，休息片刻后，她还会坚持读下去。

慢慢地，她开朗了，她释然了：我的身体是残疾了，但是我的心没有残疾，我还有信念！许多人残疾以后，却在另外一条道路上获得了成功。他们有的创造了盲文，有的成了作家，有的创造出美妙的乐曲，我为什么不能？于是，她开始好好地审视自己。

她想起来她除了喜欢跳水之外，对画画也很感兴趣。为什么不能在画画方面有所成就呢？想到这，这位纤弱的姑娘变得更加自信，更加坚强。她捡起了中学时代曾经用过的画笔，用嘴衔着，开始了练习。这是一个多么艰辛和痛苦的过程啊。

可是用嘴画画，在世人眼中是一个多么“幼稚”的想法。家里人连听也未曾听说过。他们怕她不成功而更伤心，纷纷劝阻她：“乔妮，别那么折磨自己了，用嘴画画怎么可能，我们会养活你的。”可是，他们的话不但没有打消乔妮的热情，反而坚定了她学画的决心：“我怎么能让家人养活我一辈子呢？”她更加刻苦了，常常累得头晕目眩，汗水把双眼弄得又辣又痛，甚至有时委屈的泪水把画纸都浸湿了。为了积累素材，她还常常乘车外出，拜访艺术大师。好多年过去了，她的辛勤付出终于有了回报，她的一幅风景油画在一次画展上展出后美术界好评如潮。

1976年，她的自传《乔妮》一经问世便轰动了文坛。她收到了数以万计的热情洋溢的读者来信。两年之后，她的《再前进一步》一书又出版了。该书以作者的亲身经历向身体残疾的朋友讲述了应该怎样战胜病痛，如何立志成才。后来，这本书被搬上了银幕，影片的主角由乔妮自己饰演，她成了千千万万个青年尊崇的偶像和学习的榜样。

失去并不等于一无所有，人生的风景并不是只有一处，在你为逝去的美景哭泣的时候，眼前可能是一幅更美的画卷。

不转过头，你怎能看到路上的美景？不放下过去，你怎么会获得自由？

遇到他之前，她的生命宛若平静的湖面，没有丝毫的涟漪。直到那天，在毫无防备的状态下，他就那样出现了。在那个人来熙往的车站，被大雨困住的她，焦急万分，他送了她一把伞。从此，两个陌生的灵魂便有了交集。

他们相遇的那个车站，名叫国家图书馆。为了还伞，她在车站等过他几次，上天眷顾她的真诚，果然让她等到了他。原来，他每个周末都会到图书馆看书。相熟后，她总是陪着他，安静地不说一句话。有时夕阳洒满余晖，在他的眼睛里跳跃，令她醉得一塌糊涂，挪不开视线。

他在备考英语。她知道，他的女朋友在美国，总有一天他也会离去，到那个陌生的国度去和他心中所想的人相会。她什么都懂，却总是安慰自己说："没关系，我只是在为自己的幸福做一点力所能及的事。"说得潇洒，可心里隐隐地疼，会有不舍和不甘。

圣诞来临，窗外白雪皑皑，灯红酒绿的城市里，空气中弥漫着浮华。她请他去广场看烟花，他去了。在烟花开始前的5分钟，出租车却被堵在路口，她趴在他的肩膀上哭了。他安慰她说："没事，看看车窗外，烟花多美。"她探向窗外，烟花虽美，却如此短暂。她只觉得苦，觉得冷。

新年过后，他去了美国。所有的快乐与付出烟消云散，她失声痛哭，心痛难忍，天天跑去酒吧消遣。嘈杂的环境把她的痛苦无限放大，多少次默默流泪到天亮。只过了个把月的时间，她已经变得瘦弱不堪，整个人也是恍恍惚惚。

她有点怨恨命运，为什么偏偏让她遇见了他，而遇见了又要分开？他走了，她觉得自己的心都空了，幸福也没了。她把自己封闭在狭小的世界里，不允许任何人踏进。偶尔，在街头看到甜蜜牵手的情侣，她的心就像被刀割了一样疼，惆怅在心里化作浓烟，熏湿了眼眶。她想象，此刻的他在美国做着什么？是不是和他的她幸福地漫步在校园？而今，自己的世界里只剩下孤独与苍凉。

偶然的一天，她在邮箱里看到一封邮件，看日期，竟是他临走的前几天。邮件上写道："你的心意我懂，谢谢你。与你相处的时光很快乐，可是对不起，我们相遇的时间不对。我相信，你会等到那个爱你并真正属于你的人。"

原来，他什么都懂，什么都知道。她对镜独照，看到自己蓬乱的头发和苍白的面孔，有些陌生。这还是原来的我吗？她不禁自问。他印象中的自己，肯定不是这番模样。她振作起来，梳洗打扮一番，穿上最喜欢的衣服，走出了家门。

窗外阳光明媚，冰雪消融，春天悄悄地来了，芬芳满园。她忽然觉得，自己能在最美的年华里遇到他，已经是一件幸福的事了。就算没有了后续的故事，但也是一段值得珍藏的回忆。想到这里，她忽然觉得心里暖暖的：他走了，带着她给的爱走了，而留下的，同样是甜甜的回忆与温馨。

生命不就是这样吗？遇见了，一路相伴，那个人教你学会爱，学会生活，学会付出，学会幸福。即使他走了，你还有追逐幸福的权利，还要学会继续寻找爱，付出爱，获得爱。

如果你始终对过去的事情念念不忘，陷入深深的泥潭中不能自拔，那么你便永远也不会快乐。要记得一个简单的道理：珍惜当下的拥有，你才会拥有属于自己的快乐，你身边的人也会因为你的珍惜而获得幸福。

3. 珍惜当下的缘分

我们从遗憾中体会圆满。没有分离时的思念，怎么能领略相聚的幸福？没有经历过被出卖的痛苦，怎能领略忠诚的可贵？没有品尝过失败无奈的滋味，又怎能体会成功的喜悦？没有遭遇病魔的袭击，怎能体会健康对人的重要？在纷纷扰扰人世间，能够拥有，能够相聚，彼此忠诚，长相厮守，不正是一种圆满吗？

从前有个书生，和未婚妻约好在某年某月某日结婚，到了那一天，未婚妻却嫁给了别人。书生受此打击，一病不起。家人用尽各种办法都无能为力，眼看书生奄奄一息。这时，路过一位游方僧人，得知情况，决定点化一下他。僧人来到他床前，从怀里摸出一面镜子叫书生看，书生看到茫茫大海，一名遇害的女子躺在海滩上。这时，走过来一个人，看一眼，摇摇头，走了……又走过来一个人，将自己的衣服脱下，给女子盖上，走了……又走过来一个人，过去挖个坑，小心翼翼地把尸体掩埋了……

疑惑间，画面切换，书生看到了自己的未婚妻：洞房花烛，她的盖头被丈夫掀起……

书生不明所以。僧人解释道："那具海滩上的女尸，就是你未婚妻的前世。你是第二个路过的人，曾给过她一件衣服。她今生和你相恋，只为还你一个情。但是她最终要报答一生一世的人，是最后那个把她掩埋的人，那人就是她现在的丈夫。”

书生大悟，从床上坐起，病也好了一大半。

书生悟到了什么呢？

爱情要随缘。相识是一种缘分；你们彼此相爱，也是一种缘分；你们最终不能走到一起，也是一种缘分。

千里姻缘一线牵。一对有情人从相遇到相知，从相知到最终相恋相依，或许仅仅缘于一个微笑、一次偶遇，有时甚至会是一个美丽的错误。可是，最终他们牵手人生路，相伴风雨行。人们常说：“缘，妙不可言。”

何为缘？

世间万事万物皆有相遇、相随、相伴的可能性。有可能即有缘，无可能即无缘。

缘，无处不有，无时不在。你、我、他都在缘的网络之中。常言道：“有缘千里来相会，无缘对面不相识。”万里之外，异国他乡，陌生人与你哪怕是相视一笑，这也是缘；也有的虽心仪已久，却相会无期。

很久以前，在一个香火鼎盛的寺庙里，有一只蜘蛛染上了佛性。

有一天，佛从天上路过，看见了这个香火很旺的寺庙，就下来看看。佛看见了那只蜘蛛，问：“蜘蛛，你知道在这个世界上最值得珍惜的东西是什么吗？”

蜘蛛回答：“得不到的和已经失去的。”

佛说："好，3000年后你再来回答这个问题。"

佛走了。

蜘蛛仍然生活在这个寺庙，每天都为前来许愿的人们祈祷，每天都被他们的故事感动。日子就这样在不知不觉中慢慢地过去。

3000年后，佛又来到了这个寺庙，他又问这只蜘蛛："蜘蛛，你知道在这个世界上最值得珍惜的东西是什么吗？"

蜘蛛仍然回答："得不到的和已经失去的。"

佛说："好，3000年后你再来回答这个问题。"

佛走了。

蜘蛛仍然生活在这个寺庙里。忽然有一天一阵风刮来了一滴甘露，这滴甘露就落在蜘蛛的网上，蜘蛛很喜欢这滴甘露，它每天都看着它，觉得自己很幸福，觉得每天时间都过得很快。但是有一天，那阵风又刮来了，并且把甘露带走了。蜘蛛失去了甘露，它很伤心。日子就在蜘蛛的悲伤中慢慢过去了。

3000年后，佛再一次来到这个寺庙，他又问蜘蛛："蜘蛛，你知道在这个世界上最值得珍惜的东西是什么吗？"

蜘蛛仍然回答："得不到的和已经失去的。"

佛说："好，那你就和我一同到人间走一趟吧。"

蜘蛛随佛来到了人间。

18年过去了，蜘蛛投胎成了一个官宦之家的小姐，取名珠儿。同年，投胎转世的甘露也成了今科状元。在一次皇宫的大宴上，珠儿和甘露又一次相遇了。甘露仪表堂堂，举止文雅，成为了众人瞩目的焦点，自然也得到了皇帝的女儿——长风公主的青睐。珠儿并不着急，因为她知道，她和甘露的缘分是上天定下的。

有一天，珠儿去寺庙里烧香，恰巧遇见了陪母亲来烧香的甘露。她走过去，甘露文质彬彬地说："小姐，您有何贵干？"

珠儿的脸色顿时变得很苍白："你难道不认识我了吗？我是珠儿呀，就是两千多年前的那只蜘蛛。"

甘露不解地回答："对不起小姐，我想你是认错人了，我并不认识你，也不知道你说的是什么。"

甘露扶着母亲走了。珠儿陷入了无比的悲痛之中。她不明白这段上天注定的姻缘怎么这么难。几天后，还沉浸在痛苦中的珠儿听到了两个消息：一是皇帝把自己的女儿长风公主许配给了今科状元——甘露，二是皇帝把她许配给了自己的儿子——甘草。

听到这个消息，珠儿终于坚持不住了，她一病不起。甘草很伤心，他来到珠儿的床边，握着昏迷之中的珠儿的手说："珠儿，你知道吗，自从在父皇的大宴上看见你，我就已经深深地爱上你了，所以我请求父皇把你许配给我，如果你死了，我这下半生……"

珠儿已经听不见了，因为她的灵魂已经慢慢离开了她的躯体，她的灵魂看着身边默默流泪的甘草，感觉像有一把刀在心里狠狠地割了一下。

正在这时，佛出现了，他问珠儿："你现在能告诉我什么是世界上最值得珍惜的吗？"

珠儿含着眼泪说："得不到的和已经失去的。"

佛说："难道你还不明白吗？甘露在你的生命中只是一个过客，他是被长风带来的，也是被长风带走的，所以他属于长风公主。而你在寺庙生活的那段日子里，在你网下的甘草，一直默默地注视着你，爱慕着你。只是他没有勇气告诉你，你也从来没有低下过你那高贵的头颅。"

这时的珠儿早已是双眼含泪，她点点头，看着自己身边的甘草说："在这个世界上最值得人们去珍惜的是现在身边所拥有的。"

一个懂得珍惜当下的人会以一种发展的心情去看待事物。《大学》中提到过："止于至善。"意思是说人应该懂得如何努力而达到最理想的境地，懂得自己该处于什么位置是最好的。一个珍惜当下的人遇到事情会坦然面对，欣然接受。

珍惜当下是一种人生底色。当我们都在忙于追求、拼搏而找不着北时，珍惜当下，这种在平凡中渲染的人生底色，它孕育的宁静与温馨对我们来说是一个避风的港口。我们休憩整理后，毅然前行；真正做到了自得其乐，人生便会多一份从容，多一份达观，多一份开朗，多一份优雅。你会发现，你的人生其实可以活得很开心！

4. 找到真正的自己，与那个"她"和平相处

现在，快速发展的社会给女人的成长提供了许许多多的可能，可以选择在适当的年龄结婚生子，做一个全职太太；也可以选择在职场中和男性同场竞技，做一个职业女性。这样多元化的选择给女性带来了更加丰富多彩的生活。但奇怪的是，很多女性并没有感觉到幸福，相反，她们更容易被焦虑、抑郁等负面情绪所影响。现在仿佛有一个悖论：得到的越多，我们却不一定感觉到越快乐。在众多的选择当中，我们失去了自我，从而失去了拥有好命运的机会。

心仪是大家公认的好命女人，从小生活在优越的家庭环境中。

她的父亲是知名大学法律系的教授，母亲是国内享有盛名的律师。出生在这样一个法学世家，心仪从小就被家人寄予了很高的期望，她顺理成章地考入了中国最好的法学院校，以最优异的成绩毕业，在最好的律师事务所工作。刚过30岁，心仪就和丈夫一起成了某知名律师事务所的合伙人，在赢得了巨大社会声誉的同时也获得了不菲的收入。

但是，拥有好事业、好家庭的心仪却并不快乐。她一直被抑郁症所困扰，抗抑郁药物"百忧解"是她的忠实伙伴。终于，在她33岁的一天，出差回家的丈夫发现心仪已经在家中昏迷不醒——她服用了大量的安眠药。被抢救过来后，心仪前往印度学习瑜伽。一年后，她回国，辞去了律师事务所的工作，开办了一家瑜伽馆。心仪的决定让她周围的人无法理解，尤其是她的父母，因为心仪的决定，父母几乎和她断绝关系，但是，放弃了如日中天的法律事业，心仪并不后悔。她潜心研究瑜伽，40岁的时候，心仪的瑜伽馆已经开了4家，她修复了和父母的关系，并且出版了她的第一本瑜伽书籍。在这个过程中，心仪的抑郁症完全治愈了，朋友们甚至说，她比30岁的时候更加容光焕发。

心仪自己说，33岁时的那次自杀让她看清楚了自己的人生。原来，尽管出生于法律世家，心仪对枯燥的法律工作却并不感兴趣，但她从小就是一个乖女儿，父母给了她最好的学习法律的环境、给她创造途径读最好的法律院校，她也从来没有让父母失望过。但是，法律事业的巨大成功却不能让心仪快乐，相反，她找不到自己生活的真正意义所在，从而陷入了长期的抑郁情绪中。从医院捡回一条性命后，心仪突然明白了，做律师并不是她自己的人生理想，她开始按照自己的意愿选择生活，事实证明，从那一刻开始，心仪的"好命运"才真正开始。

在现实生活中，究竟有多少女人像曾经的心仪一样，根本不知道自己想要什么？也许我们无法统计，但是，类似的女性群体的数量一定不少。传统文化给女性所规定的社会角色要比男性更加狭窄，在传统的价值观里，一个乖巧的、听话的女孩子总是更多地受到父母亲的宠爱；一个贴心的、凡事都为丈夫和孩子考虑的女人才是好妻子的标准……父女关系、母女关系、夫妻关系、亲子关系，女性往往比男性更看重关系，但是对大多数人而言，关系越亲密，人们就越渴望将自己的意志强加到对方身上，人们会说："我爱你，所以才这样对你。"但是在这样的"爱"中，有多少女性迷失了真正的自我，表面上拥有他人艳羡的"好命运"，但内心却充满着空虚和迷茫。

著名的人本主义心理学家马斯洛曾经将人的需要划分为几个等级，自我的实现被排在最高的一级。而另一位著名的人本主义心理学家罗杰斯则强调"成为自己"，这个观点和马斯洛的观点殊途同归，也就是说：当一个人能够为自己做选择的时候，他便是在做自己，便是成为自己，于是就达到了自我实现，成就了真正的快乐。这听起来很简单，但对于大多数抱怨自己命运不好的女人来说，却是很难实现的。

重视关系的传统价值观给女性制造出了种种假象，这个假象之一就是追求别人眼中的好命运生活，它包括父母眼中的、朋友眼中的、异性眼中的、同性眼中的……所有人看起来都是那么满意，唯独自己不快乐。

台湾著名的心灵作家张德芬曾经说：说到底，人要对自己负起全责，大自然的最高力量就在于我们的内心，人只有找到真正的自己，才能和自己和平相处。

意大利著名影星索菲娅·罗兰在半个世纪以来出演了70多部影片，她用自己动人的风采、卓越的演技给人们留下了深刻的印象。她的美不是静止的，不是平面的，而是以一种最浓烈的方式留给了电影。在1961年，她获得了奥斯卡最佳女演员奖。很多导演都由衷地说，与索菲娅·罗兰的美丽相比，奥斯卡简直不值一提。

然而，她的从影之路并不是一帆风顺的。

16岁时她一个人来到了罗马，但是，演艺事业的路并不平坦，这都因为她的长相。刚到罗马时，她听到的都是个子太高、臀部太宽、鼻子太长、嘴巴太大等负面评价，她被说得没有一点做演员的资格。

不过很幸运的是一位制片商看中了她，但这并不代表她的事业就此一帆风顺。索菲娅·罗兰去试了许多次镜，但摄影师都抱怨无法把她拍得更美艳动人。制片商听到了摄影师的抱怨，于是找到了索菲娅·罗兰并对她说："索菲娅，如果你真想干这一行，我建议你把你的鼻子和臀部'动一动'，做一次整容手术，那样一定会更好些。"对于没有主见的人来说，这是一次千载难逢的机会，他们一定会按照制片商的说法去做。

但是索菲娅·罗兰是个有主见，不愿意随波逐流的人，她要靠自己内在的气质和精湛的演技来征服观众。于是她找到了制片商，并不卑不亢地说："对不起，我不能这样做，我就是我自己，只有做好了自己，我才能向别人学习，这是我的原则。虽然我的鼻子太长，但它是我脸庞的中心，它赋予了我的脸庞独特的个性，我很喜欢它。至于别人怎么说，我无法改变，因为嘴是长在他们的身上。我只要坚持我的原则就够了。"

虽然很多议论对索菲娅·罗兰很不利，但她没有因为别人的议论而停下自己奋斗的脚步，反而越挫越勇。她17岁正式进入电影界，在她的演艺生涯中拍了100多部影片。后来她的演技达到了炉火纯青的程度，这让她得到了观众的认可，观众也很喜欢她的善良和纯情。索菲娅·罗兰的事业最终获得成功。

此时，她刚出道时遭到的那些诸如鼻子长、嘴巴大、臀部宽等议论都不见了，她得到了比以前更多的好评，而“缺点”也成为当时评选美女的标准。20世纪末，尽管索菲娅·罗兰已经60多岁了，仍然被评为了那时“最美丽的女性”之一。

当后来有人问起索菲娅·罗兰的成功时，她是这样回答的：“我谁也不模仿。我不像奴隶似的跟着时尚走。我只要做我自己。当你把自己独特的一面展示给别人的时候，魅力也就随之而来了。”

英国教育家洛克说：“每个人的心灵都像他们的脸一样各不相同，正是他们每时每刻地表现自己的个性，才使得今天这个世界如此精彩。”卡耐基也说过：“整日装在别人套子里的人，终究有一天会发现，自己已变得面目全非了。”

生活每天都充斥着各种各样的选择，最可怕的是不知不觉中就放弃了对自己、对生活的警醒和觉察，任由别人灌输的信念和过去的惯性来支配自己的生活。人生最悲凉的笑话，莫过于用尽毕生努力成功地成为别人。人只有一辈子，为自己而活才是最大的奢侈。

5. 这个世界没有人值得你羡慕

人们总喜欢羡慕别人，却忽略了自己所拥有的。很多人总是渴望获得那些本不属于自己的东西，而对自己拥有的却不加以珍惜。

世界上没有完全相同的两个人，对于人生与生活的理解也会有所不同。因此，没有谁可以取代谁，也没有一种生活会适合所有人。对每一个人来说，生活都是人生中最重要的一部分，你想要什么样的生活，而什么样的生活又是最适合你的，这样的问题才是至关重要的。我们需要弄清楚哪种生活方式是适合自己的，自己又想要什么样的生活，然后朝着那个方向努力，才能实现自己的人生理想。

一个有钱人过得很开心，他常常开着车子或坐飞机到处与人谈生意，生活虽忙碌，但充实富足，因此有钱人很有成就感。

有一位茶水店主过得也很开心，他的生活主要就是烧水、倒茶、招待顾客、与顾客交谈……虽然简单清贫，但却自得其乐。

一天，两人在茶水店相遇了。那时，因为时间还早，茶水店内还没有客人，店主就趴在桌子上打瞌睡。有钱人口渴了，就走进了店里，看到茶水店的简陋与店主的清贫，有钱人感到很吃惊，便跟店主交谈起来。

有钱人先讲了自己的灯红酒绿的生活，讲他怎样快乐地挣钱又快乐地将钱大把地花掉。他说，过着这样的生活，他才感到自己是在享受人生。

茶水店主越听越着迷，也说起了自己的生活，虽然不是什么大富大贵，但也安宁而快乐，因为自己不与人争，也就没有得失的烦扰。

有钱人也被茶水店主悠闲的生活方式吸引住了，离开茶水店后，他一直在想，尽管自己有钱，却没有茶水店主的惬意自在。想到最后，他感觉到自己太可悲了，因为自己从来没有一天像茶水店主那样悠闲自在的日子！

而茶水店主在有钱人离开后也一直在想着有钱人的话，他想自己每天守着这个清淡的茶水店，不但没赚到钱，而且还浪费了生命，自己真是白活了。想到最后，他开始盼望自己也能够过上有钱人的那种富足的生活。

于是两个人找到了上帝，求上帝帮忙，上帝笑着说这还不容易，我让你们交换一下不就行了？“

于是，茶水店主变成了有钱人，每天去和不同的合作伙伴谈生意、喝酒。有钱人则坐在了悠闲的茶水店里。结果没过几天，两个人又吵吵嚷嚷地来到了上帝面前。有钱人说他实在受不了茶水店里的冷清和贫乏的生活。茶水店主则说他受不了有钱人的生活里的虚情假意和酒精气味。

上帝哈哈大笑，说：“你们原本在各自的位置上生活得好好的，却向往别人的生活，现在知道了吧，其实别人的生活也不过如此。”

是的，生活其实就像我们脚底穿的那双鞋子一样，要选择什么样的鞋子，我们首先要问问自己的那双脚，而不是看别人穿的是什么样的鞋子。

杨薇是个漂亮高挑的女孩子，有一份体面的工作，有个收入不多却对她宽容宠爱的老公。在很多人眼里，她无疑是个幸运的姑娘。

作为普通家庭出身的姑娘，杨薇所拥有的这些是令人羡慕的。只是很少人知道，杨薇有着并不愉快的童年。童年的记忆中，母亲总是面色凝重，语气严厉，责怪杨薇某次的考试成绩不佳，抱怨着杨薇不如院子里的另一个小姑娘聪明伶俐。

大多数时候，杨薇总是畏缩在墙角，不解地看着母亲，内心也抱怨着那个母亲口中的小姑娘。在很长一段时间内，杨薇的内心是自卑而胆怯的，不敢在众人面前大声说话。

这样的心理伴随了杨薇很多年，直到离开母亲，独自在异地求学，她才渐渐地找到了人生的自信。后来老公的爱和宽容给了她更多的自信和勇气，她终于蜕变成了今天这个面若桃花、坚强独立的现代女性。

白莹是杨薇的大学好友。毕业后直接嫁了个富二代，过着少奶奶的日子。有空的时候，她总会约杨薇一起吃饭、逛街、做美容，在豪华的商场里挥金如土。最初杨薇面对着白莹的阔绰，只是淡淡一笑。时间久了，杨薇的内心发生了变化，她开始羡慕起白莹的少奶奶生活，抱怨老公的收入太普通。

一段时间后，和白莹欢聚过后回到家的杨薇，就开始对老公有了诸多抱怨，抱怨老公在事业上的不思进取，抱怨他的不懂浪漫，平静的日子里多了些许的矛盾和摩擦。也不知道从何时起，相爱的两个人回家以后开始以沉默面对着彼此，仿佛是一栋房子里的陌生人。

直到有一天，满身伤痕的白莹哭着跑去杨薇家。杨薇才知道，原来白莹的婚姻生活中有如此多的不和谐。老公虽有钱，却很花心，甚至有家庭暴力，白莹婚姻生活中的大部分时间总是忍受着独守空房的孤独和寂寞。而听着白莹哭诉的杨薇，坐在自己和老公一起去宜家买回的大沙发上，看着在厨房里为自己忙碌准备晚餐的老公，想着这段时间老公对自己依旧不变的照顾和宽容，想着童年那个在墙角畏缩着的自己……杨薇释然了。原来现在的自己一直是如此幸福——虽平淡却踏实且独一无二的幸福。

人们总喜欢羡慕别人，却忽略了自己所拥有的。很多人总是渴望获得那些本不属于自己的东西，而对自己拥有的却不加以珍惜。

人生无常，能来到这个世界，感受着这个世界上所发生的一切，诸如花的盛开，草的萌生，天的晴朗，月的明媚，已是人生的一种幸福。每个人所感受到的都是自己独一无二的幸福。幸福无法攀比，无法复制，幸福只是那样或深或浅地存在于你的心里，荡漾在你的胸怀，然后化作你脸上那弯弯上扬的嘴角。

6. 内心的优雅，才是美丽的最终源泉

在童话《白雪公主》里，恶毒的皇后有一面神奇的魔镜，每当皇后在镜子里欣赏自己的美貌时，总要问魔镜一个问题：“谁是世界上最美的女人?”这个问题的答案左右着整个故事的进展，同时也说明了美丽的容貌对女人来说有多么重要。的确，和自然

界里众多艳光四射的雄性动物不同，在人类社会里，和美丽这个概念等同的，是女人。某种程度上讲，是否美丽，成为评价女人的第一个标准。一个漂亮的女人，可能随时随地在生活中发现美丽所能给自己带来的好处。于是，“保持青春，留住美丽”成为女人一生的重要功课。

从小陈妍似乎就没有什么朋友，因为她觉得自己长得丑，大家都看不起她。上学后，在来来往往的人群中，她总是一个人，就像孤单的丑小鸭。陈妍非常自卑，因为对自己的容貌非常不满意，所以她十分讨厌镜子，讨厌一切能映出她容貌的东西。

可是，有一天，陈妍坐公车去市里的图书馆查资料，就在车子快到图书馆时，她看到一个穿白色上衣的女孩走了上来。一看到她，陈妍的心就禁不住痛苦地抽动了一下，因为那张脸就像带着一张丑陋的面具——她的脸有被严重烧伤的痕迹。

陈妍赶紧低下了头，她甚至不敢看第二眼。但天生的好奇心让她再次抬起了脸，此刻，她被深深震撼了。

那个女孩的脸上自始至终都挂着甜美的微笑，没有任何的自卑和忧愁，即使面对满车人，她也没有躲闪，而是大大方方地和她的母亲说着话，偶尔她还会娇羞地向母亲撒娇。陈妍的心突然充满了许久不曾有过的激动，一直以来她都选择低头逃避，恨不得整日把自己关在屋子里，从来不敢抬头挺胸地走路，她自卑，她害怕，她怯懦。陈妍以为只有那些长得好看的女孩，才能撒娇甜笑。她不由地对那个女孩心生敬佩。

那对母女下车后，陈妍冲动地做了一个决定，她也跟着下了车，并且有些莽撞地走到那对母女面前，有些怯弱地说：“我——我总是因为自己的容貌而自卑，可是看见你的笑容，我不知道能不能……”

那位母亲似乎一下明白了陈妍的意思，她微笑着对我说：“你长得很可爱，很清纯，难道你照镜子时都没有发现自己的美吗？”听完这句话陈妍呆了，从来没人这样对她说过，就连她的父母都因为她的丑而苦恼。

那位母亲又接着说：“我的女儿也很美，她的脸上永远充满自信和阳光，她有什么可自卑的呢？你也一样，有什么可自卑的呢？”

是的，你有什么可自卑的呢？世界上有千千万万的人，然而却只有一个独一无二的你。随着光阴的流逝，美丽的资本会逐渐减少；真正优雅的女人，懂得在美貌和聪明之间取得平衡，她们不是人群中最艳丽的女人，却不会让人忽视；她们不会在琐碎的事中流露出小聪明，却拥有得体的大智慧。

内心的感觉会直接影响我们的外在气质和容貌。一个外表不漂亮但内心优雅的女人，会自然而然地将这种优雅反映在她的脸上。内心的优雅，才是美丽的最终源泉！

第二章

一茶一饭，一笔一画：淡定应对各种生活琐事

每个女人的生活都不会是一帆风顺的，多少会有柴米油盐的烦恼，也会遭遇突如其来的打击，女人需要掌握如何面对生活的技巧。

1. 你是个肯吃亏的女人吗？

人们常说，“吃亏是福”。可是，生活中还是有很多女人喜欢斤斤计较，任何事情都吃不得一点亏。如果让她们吃亏了，那么她们也一定会从其他的地方把吃过的亏索取回来。如果没有在其他地方占到便宜，那么她们会因为自己吃亏一直耿耿于怀。

现实中，也有很多女人为了显示自己很有能力，就把不可以吃亏、不可以受人欺负定为做人的头一条。于是，可以在菜市场和商贩为了几毛钱而大声地争吵，可以在公交车上为了谁碰到谁而和对方争执，有一点工作上的不顺心就想着要离开公司，不行就改行做其他的。这样的女人心里有个小闹钟在时刻地提醒自己：不能吃一点亏！

于凌是一家水果店的老板，生意很小，每天的收入也刚刚好够养家糊口，所以，于凌把每一斤每一两都看得很重。

别人来买水果，她不舍得让别人品尝也就算了，每次一毛两毛也舍不得让给别人。当其他家的水果都有所降价时，她家的水果价钱却依然那么高。一般情况下，她家水果的价钱永远只会比其他家的高，而不会比其他家的低。时间久了，大家都知道于凌家的水果贵，老板抠门。于是，去她家买水果的人也少了，水果很长时间卖不出去，存放着慢慢地都变质了，她不得不自己吃掉。

没过多久，进水果的本钱收不回来，店没法开下去，只得关门大吉了。

生活中，一个不懂得吃亏的老板，生意永远不可能有太大的收获，甚至会把送上门的生意关在门外。不懂得忍让，不懂得适时吃亏，这样的女人只会让人觉得心胸狭窄。当女人为了不让自己吃亏而和别人争辩的时候，也会让人感觉到她的粗俗。所以，女人必要的时候要学会吃亏。

洁玉是个懂得自我控制的女人，无论什么时候别人都无法看到她心情不好的时候，而她发脾气的次数也屈指可数。

一天，同事叶娜把洁玉新买来的包碰到了地上，原来很光滑的表面，因为蹭在椅子腿上而留下一道很丑的划痕。但高傲的叶娜对于这件事情非但没有道歉，连包都是洁玉自己捡起来的。很多同事都认为洁玉会和叶娜吵起来，但是让大家意想不到的是洁玉捡起了自己的包，一声不吭地继续做自己的工作。

当时，很多同事都说洁玉窝囊，也为洁玉打抱不平。可是洁玉只是笑着说："有什么关系呢？再好的包也有坏的一天，只不过我的包提前坏了而已。"这样的精神让同事们十分佩服。

所以，无论在人情还是心情上，学会吃亏的女人，都会在看似吃亏的过程中得到补偿。

现实中，有很多女人明白"吃亏是福"这个道理，但是真正做起来的时候，就用很多理由来搪塞自己："她那样贬低我，还不让我发泄一下吗？"或者是："如果我再沉默，我就是傻子了！"等等。

你是肯吃亏的女人吗？

其实我们不能要求事事都如我所愿，更不能强求所有人的观点都和自己一样。人的差异性不可避免，所以我们要尽量在客观上做到求同存异，即寻找相同地方的同时尊重客观存在的差异性，从而实现相互之间的合作。

要做到求同存异，能宽容是最基本的要求。

有个女人非常不善于和人打交道，经常与人发生口角。后来，她向一位大师请教："我总是容易和别人发生矛盾，因为他们总是拿出一些我不能接受的意见，您说我该怎么办？"

大师想了一会儿，说："你说水是什么形状的？"

女人见大师"词不达意"，茫然地摇头说："水哪有什么形状？"

大师笑着说："我把水倒进一只杯子，水难道还没有形状吗？"

女人似乎有所悟，说："我知道了，水的形状像杯子。"

大师又说："可我如果把水倒进花瓶呢？"女人很快又说："哦，这水的形状像花瓶。"

大师摇头，把跟前的水倒入一个装满泥土的盆中。水很快就渗入土中，消失不见了。女人陷入了沉思。

这时，大师感慨地说："看，水就这么消失了，这就是人的一生。"

女人沉思良久，忽然站起来，高兴地说："我知道了，您是想通过水告诉我，我们身边的人就是不同的容器，想与他们相处得好，那么，我就要把自己变成可以倒入各种容器中的水。是不是这个道理？"

大师微笑着说："你现在已经有所得，但还不完全正确。"看着重新陷入迷思的女人，大师接着说："水井里的水，河里的水，海里的水，他们虽然有不同的形态，可是他们却都是水。"

女人恍然大悟："人其实也应该像这水一样，能够顺应和包容外界的变化，但是却永远不改自己的本色。"

大师笑着点了点头。

大师通过水，点化了一个原本没有容人之量的人。从中我们也应该同样受到启发，对于那些生活中的不同意见，我们应该像水一样去包容、去改变。

水之所以能在不同的环境中存在，就是因为水"不较真"，它没有自己的形状，但是却也从来不改变自己的本质。道家也非常推崇水的特质，他们说"水善利万物而不争"，其实也是在赞叹水的不争。

女人如水，更要学会水一样的包容心，它是一种仁爱的光芒、无上的福分，是对别人的释怀，也是对自己的善待。水一样的女人，有一种生存的智慧、生活的艺术，这是看透了社会人生以后所获得的那份从容、自信和超然。

2. 坦然应对生命中的每一次危机

危机这个词我们并不陌生，从我们出生到长大，危机就一直伴随着我们的生活。佛教常说"诸行无常"，意思是人世间的一切都是无常的，不管是外部世界，还是我们自己的人生，都时刻处在变化中，只要存在着变化，就有导致危机的可能。能够坦然应对危机的女人，才能在人生的长河中几经风浪，收获多彩的人生。

金瑶一向被认为是好命女人的代表，43岁的她可谓是要什么有什么。丈夫是一个成功的商人，经商多年都很顺利。她自己则在一家国际知名企业担任要职，虽然经历了全球金融危机的洗礼，但金瑶的职位不仅没有受到影响，年终分红甚至比往年还多。18岁的儿子在今年也考上了大学，趁房价有所回落，金瑶和丈夫在位于居住城市的黄金地段买了一套高级公寓，将原来的房子用于出租，日子过得可以说是优哉游哉。

生活如此顺风顺水，多少女人都在羡慕金瑶，但是她最近却开始闷闷不乐了，面对工作似乎也失去了兴趣，每天最害怕办公室的电话响起，下了班不想回家，到了时间也不想上班。至于究竟为什么会这样，金瑶自己也说不清楚，无非都是一些小事：儿子大学里交了一个漂亮的女朋友；丈夫的事业拓展到了国外，以后要长期驻守在外国；自己公司里逆势招聘了一批有活力的新人，自己负责培训他们……

金瑶怀疑自己得了抑郁症，她来到了心理咨询中心，心理医生却告诉她，她不一定得了抑郁症，倒是很有可能正在面临一场中年危机……

每个女人的一生都会遭遇一些阶段性的危机，这是不可避免的。西方很多心理学家甚至将人的出生也看作是一次危机，因为新生儿的出生是从一个绝对安全的母体内，突然间来到了完全陌生的世界里，这可以说是一次巨大的挑战。对女人来说，生命中的每一次危机，实际上都和分离有关：出生是和母体分离、青春期是和曾经的天真烂漫分离、中年时是和自己无限的活力分离、老年的时候是面对可能告别一切的恐惧。

不管是出生、青春期、中年危机、老年心态的变化，这一系列的危机都会不可避免地出现在我们的生活中，我们必须要做好迎接它们的准备，否则，它们可能会出其不意地将我们击垮，将我们原本美好的生活带入混乱。

另外有些危机会突然发生在我们的生活中，比如自己或者亲人的伤病、突如其来的变故、事业受到重大的打击、自然灾害。这些突发性的危机经常会让我们手足无措，把我们推向灾难的边缘。在面对这类危机时，很多女人没有找到适合自己的处理办法，很容易就被击垮了，而有些人则经历了最难受的过程，依然顽强地生活了下来。

有一些危机是我们自己选择的，比如辞职、离婚、违背父母的意愿或者打破周围人眼中的常规去选择另一种生活。这些危机实际上是源于我们自己做出的选择，这些选择往往伴随着一种关系的破裂，而做出主动选择的一方就得承担造成关系破裂的责任，于是给自己带来痛苦。

当危机到来的时候，不管它是不可抗力造成的，还是自己的选择，我们都必须面对。危机的到来意味着变化，变化的同时也伴随着痛苦，如果能够顺利地度过危机，我们常常在危机过后发现自己具备了更加强大的生命能量。但是如果处理不好，有些人甚至不能从危机中走出来。

假如我们自己经历了重大的危机，千万不要一个人死扛，在必要的时候，一定要向身边的人表达自己的痛苦。把痛苦用话语表达出来是我们接受危机的第一步，也是解决和度过危机的一个必然过程。将痛苦埋在心里是非常有害的。逃避痛苦的情绪，实际上是不愿意面对现实，选择逃避的人常常会用其他的方式来否认危机的存在，如果危机中带来的痛苦已经到了自己无法承受的地步，一定要接受专业人士的帮助，比如去看心理医生，听听医生的建议，在医生的专业帮助下了解自己的问题所在。

3. 面对领导的批评，要懂得释怀

职场中，最让女人尴尬的是被领导批评，而最委屈的是被冤枉。常言道："人在江湖漂，哪能不挨刀。"工作中，被领导批评有时候是在所难免的事情。女人，面对领导的批评要懂得释怀。

有人说过："用争夺的方法，你永远得不到满足，但用让步的方法，你可能得到比你期望的更多。"职场中的女人知道，和上司辩解并不是解决问题的唯一办法，而且也不是最好的方法。因此，当遇到上司批评的时候别忙着辩解，而是试着虚心地接受。

"肖莉！你过来！你过来！"经理在办公室里大喊道，肖莉急忙走进经理办公室，也没有搞清楚状况，就被经理劈头盖脸地数落开了。从她的衣着说到她早上迟到了一分钟，几乎不给她解释的余地，事实上肖莉也没有想解释，她想经理一定是心情不好，现在忙着解释只会火上浇油。

过了一会儿，当经理的气略平了点后，肖莉很小心地问："经理，是我有什么地方做得不好吗？"

经理指着一份报表说："你看看，这个做的是什么水平，你小学没毕业吗？"

经理的话很难听，也很伤人。虽然肖莉知道那个报表并不是自己做的，但是现在和经理辩解无疑是说经理不对，于是，就说了声“对不起，我马上去看”，默默地拿着那份报表出去了。

可是，肖莉才走没多久，经理翻看文件时，又看到了一份署名是肖莉的报表。他这才想起来，公司有个刚来实习的女生叫范小燕，她没有系统的用户名，是他让范小燕用肖莉的名字做表格的。

经理心里觉得冤枉了肖莉，但是碍于面子也不好道歉。于是在以后的工作中，因为这份亏欠，也就对肖莉有了很多的照顾。

人们在工作中出现一些错误是很正常的，但是，千万不要因为上司批评而觉得自己没有面子、自尊心受到打击，或者是急于澄清事情和上司辩解。如果你本身是错的，太过解释只会让上司觉得你没有担当。而如果你没有错而上司批评了你，你的辩解无疑是在宣告，上司你错了。

一个聪明的女人在面对上司的批评后，会真诚地说句“对不起”，然后回到自己的岗位上认真分析自己的错在哪里，争取下次不会犯同样的错误，或者是向上司请教正确的做法。当我们很诚恳地接受上司的批评时，上司愤怒的心情也会随之缓解很多。那么再来谈事情的对错，就不会变得很剑拔弩张。

姜云上班的公司没有很明确的考勤方式，但是，各个部门的领导每天都搞突击检查。如果发现有迟到的，就会扣除本月的奖金。

这对于每天上班都很守时的姜云来说，根本不是问题。可是，发工资的时候，姜云的奖金明显地被扣除了。于是她就找到自己的领导说："经理，我的工资被扣了，是不是我什么地方做得不好啊？"

经理看着快哭出来的姜云说："没有吧，你的工资还是和平时的一样。"

"可是，我的奖金却被扣除了。"

"是你迟到过吧。"经理用很有深意的眼神看着姜云。

姜云觉得很冤枉，于是忙着和经理辩解。而经理的手头上还有很多事情要做，也就不耐烦地下了逐客令。之后，就算姜云真的没有迟到过，经理也会留意姜云每天有没有准时上班，有时候也会和其他的同事打听。时间久了，同事看她的眼神都不对了。

英国学者利斯特说过："我能想象到的人的最高尚行为，除了传播真理外，就是公开放弃错误。"其实，被上司批评并不是重要的，而重要的是要从中吸取教训，保证这种事情不会再发生在自己的身上。女人面对上司的批评总要"吃一堑长一智"，才会有助于自己在职场的漩涡中生存。

聪明的女人，不会把多余的时间放在关于对错的辩解上。有时候清者自清，浊者自浊，与其把时间浪费在辩论上，还不如花点时间来思考一下对错的原因。一个敢于承认错误的女人，也会给人展现出不同韵味的魅力。

4. 远亲不如近邻

我们每一个人都不可能脱离社会的大家庭而孤立生存。一个人的能力再强大，在风云变幻的大世界面前也会显得微不足道。人生百年，朋友相逢是缘，邻里相处更是一种天赐的缘分。只要邻里之间都彼此真诚相处，坦诚相待，只要我们彼此都能深刻领会唇齿相依的道理，还会有什么矛盾不能和平解决呢？

陈露最初跟老公选上现在这个小区，就是因为小区的环境好，容积率低，而且小区里面就有幼儿园，街对面就是小学，孩子上学很方便。两个人咬咬牙在这个高档社区里买了房子，一心想给孩子一个好的生活环境和成长环境。

搬进来后，陈露一家跟大多数都市人一样，回到家就关上家门，跟邻居在电梯里碰到的时候就打个招呼，彼此再无往来，连对方姓什么都不知道。

这天晚上，老公加班，陈露要洗衣服，就让儿子在客厅看动画片，看到高兴处，儿子跳到地板上挥拳踢脚。

不一会儿，有人来敲门，陈露赶忙从猫眼往外看，是一张陌生的脸。陈露不敢轻易开门。对方见不开门就在门外喊："我是你楼下的，你们能不能动静小点，吵得我们都没法看电视了。"

陈露打开门，跟对方说了对不起，当着邻居的面训斥了儿子小宝，邻居才愤愤地走了。

陈露想起来，前段时间楼下装修，他家应该是刚搬过来的。

“一看就是家里没孩子，有孩子怎么可能不发出点声音。”陈露也有点赌气，对楼下的邻居留下了不好的印象。

没过几天，邻居又来敲门，当时小宝正跟另一个小朋友在家玩。陈露一再让孩子声音小点，别在屋里跑，可是小孩子玩得兴起，没一会儿又忘了。

邻居上来就喊：“你们是要拆房啊！这么大动静！”

两个孩子一看邻居那么凶，吓得都躲到小屋了。

陈露跟对方解释：“孩子还小，不懂事。”

邻居反问：“小孩不懂事，大人不会管？我一天才在家里多长时间，就不能让人安静会儿？”

陈露见对方不依不饶，也生气了：“我们也是晚上才回来。谁还没事专门找你在家的时候闹啊！”

“你看看你什么素质，不知道把孩子管好，还那么横。”邻居说着转身下楼。

陈露很生气，她想，有孩子都是难免的，谁没事故意制造噪音？互相体谅一下就好了。自己平时管教小宝已经挺严了，没想到还是让楼下的邻居如此不满，一趟趟地上来找她理论……

自此，陈露即便跟楼下的邻居偶尔在电梯里碰到，也把脸扭到一边，不肯正眼看对方一眼。而且不停地跟老公抱怨这个小区的人素质多差，以至于自己后来看谁都不顺眼，别人看到她整天一副怒气冲冲的样子，也都不愿意理她。

一个周末，陈露家的米用完了，油也快没了，可是老公出差了，只能由她带着小宝去超市买。平时都是老公开车，她的水平在路上只能勉强开，可是回来的时候正赶上停车高峰，周围的车都停满了，她要小心地不擦上别人家车，还要把车倒进停车位，难度实在太大了，折腾了几次车都偏了，还挡了别人家的车道。

正烦闷，她看到楼下的邻居停完车走过来："停不进去了？我帮你。"

陈露心里不愿意，可是也没办法。

陈露下车，邻居轻松帮她把车停好。看她从后备厢里拿出米、油和一大包水果蔬菜，问道："这么多，你怎么拿？"说着就直接伸出手帮她提起米和油，"我给你送上去吧！"

在电梯里短短的时间里，陈露了解到：邻居的老婆有点神经衰弱，很怕吵。

"难怪呢，听到吵声他那么大火。"陈露不好意思起来，心想：其实邻居这人挺好的，性子直，有什么说什么，也热心，还不记仇。

这件事后，陈露对邻居的印象大为改观，想想人家上来提醒的时候，是自己太情绪化，以至于搞得两家人关系紧张，倒是人家不计前嫌，比自己大方多了。有时候，太过小心眼，把自己的心房封闭了，就把所有的人都挡在门外了。

此后，陈露就特别交代小宝不要在家里蹦跳，楼下的阿姨身体不好，怕吵。小宝也听话。自此两家人彼此见到都会笑呵呵地打个招呼，有时邻居见到小宝，还会把小宝举得高高的。

"远亲不如近邻"，是中国传统文化对邻里关系的期待性认知。受居住空间的影响，相居一处的邻里，"抬头不见低头见"，是我们接触最频繁的群体。如果邻里关系友好和睦，其"人居场"就宽松适宜、心情舒畅；反之，就会感到很别扭，难以融入"人居场"之中。所谓"现代都市病"，大都是混凝土文化使然，这种文化让人产生冷漠、孤独、自闭、家庭不稳定等问题。

人的一生能够在茫茫人海中比邻而居，不论时间长短，都可以说是一种缘分。若想缘分能够继续，双方就应该互相关心、帮助和尊重。平常生活中无论是楼道里的一声问候，还是见面的会意一笑，都是呵护邻里缘分的一次良机。

要知道，邻里缘分就如一把锁，打开不难，锁上也容易，但钥匙就在你自己手中，关键在于你愿不愿意去打开它。门关上了，人们渴望交流的心并没锁起来。作为群居动物，人与人之间其实都渴望相互依赖、相互支持。过日子，谁家没有个头疼脑热，哪能万事不求人？

古人都能做到“让一让，三尺巷”，如今的我们更要珍惜以和为贵，切不可“得理不饶人，无理搅三分”，更要知道宽容谅解别人的过错是一种美德！因为邻居的家庭环境、性格脾气、社会阅历、文化素养存在着不同的差异，对其显露的缺点或不当之处应加以宽容和谦让，这样才能保持邻里关系长久和睦。

5. 在丈夫面前适当地示弱

铁娘子撒切尔夫人说过这样一句话：“女人一生所犯的最大错误，就是忘记了自己是女人。”

大多数妻子之所以出来打拼，多是因为想改变家庭的现状，或是为了圆自己的梦想，不甘心落于他人之后。但为什么很多男人“谈女强人色变”？为什么有事业心的女性被赋予了“女强人”的称号后反而令人“望而生畏”呢？

其实，如果仅仅因为女性在事业上获得成功，领导着一群男人，使男人心中产生一种不平衡，倒还罢了；要命的是，有不少妻子在结婚后，甚至放弃了大部分女性的特质。她们从发式到服饰，从谈话的风格到做事的决断，处处显示出一种“强势”的风格。事实上，由于她们忽视了保持女人天性中柔美温和的一面，当她们以男性化的模式去处世待人时，男人就会明显地感到一种威胁和挑战。长此以往，反而会陷入危机之中。

有一对工人夫妇，收入不高，但很恩爱，生活过得有滋有味。改革开放后，妻子停薪留职，开起了饭馆。后来生意渐渐扩大，妻子也越来越忙，她从早到晚一心只扑在饭馆里，对家庭、丈夫、孩子不闻也不问，似乎早已淡忘了婚姻的概念。偶尔回到家里，她不是跟丈夫抱怨，就是跟孩子发火，弄得家人不再像家人，夫妻间以前的恩爱也没有了。

当他人问及她的孩子时，她的回答是：“别提了，我也不清楚，我给他（孩子）请了家庭教师，又雇了保姆照料他的生活，我太忙，顾不上。谁知这孩子不争气，不是逃课就是不安心，反正不学好。我又给他换了学校，每年几千块钱学费，可他还是不学好。他爸爸也不知能干什么，我不让他干那个破工作了，可他就是不听我的，他挣那点儿钱连买酱油都不够！我都不指望他了。”

这样长期不与丈夫沟通，使她不了解自己以外的世界，也不了解丈夫的想法。终于，丈夫有了别的女人，提出离婚，最后财产被一分为二，她的饭馆也开不下去了，落得个家庭、婚姻、事业皆无成的下场。

这样的妻子，丈夫对她已经产生了一种畏惧感与厌烦，又怎能与之生活呢？她已没有了昔日的温柔与通情达理，取而代之的是她认为丈夫不如她，她认为自己才是这个家庭的主宰，而丈夫只是她的一个附庸。这样的婚姻里也不再有爱，自然不会有好的结果，最后只能被葬送。

女性应该保有自己特有的天性，在丈夫面前适当示弱，而不是用自己的气势压倒他，不然就可能像上文中的妻子一样失去所有。毕竟，从形象而言，柔美的女性非常容易被大众接受和喜爱；就性格特征而言，虽然人各不同，但是温和、体贴、善解人意等是最能赢得大众尊敬与喜爱的品质。

当然，要妻子适当示弱，不是要妻子卑躬屈膝，在丈夫面前唯唯诺诺，像个奴隶一样言听计从。而是指妻子应具有较为细腻的感情，体贴细心、文静妩媚，但不是柔弱，不是依附于人。

聪明的女人既懂得刚强也懂得示弱。她们时刻不忘自己的身份：女人+妻子！这样她不仅是事业上的佼佼者、女强人，而且也是一个好妻子。

有一对夫妇，妻子是公司的董事长，丈夫只是公司的普通员工。但这个妻子，每每遇到问题时，总是找她的“老头子”。

“老头子，你看看机器为什么这样了？”

“老头子，你看是哪儿出毛病了？”

“老头子，你说这样做决定行吗？”

……

就连秘书给她写好的演讲稿，她都要给她的“老头子”看看行不行。

每每在丈夫解决完问题时她都要赞扬丈夫一番。有时遇到丈夫解决不了的问题，他们就会一起研究，然后再找别人帮忙。

不了解真相的人会在背后怀疑她的能力，怀疑她是怎么当上董事长的，大多数人甚至会认为她什么都不懂。

可有一天，当她的丈夫外出时，她就开始展露本色了：没有什么是她不会的，她指挥几千名员工的工作是那样地干练、果断，与以前的她判若两人。

这时人们才明白，其实她什么都懂、都会，只是她在丈夫面前适当地显示柔弱，以此表示对丈夫的尊重。

想有所建树的职业女性，怎么才能做到刚强与柔弱之间的完美转换呢？有以下几个方面需要注意：

（1）从外表形象的设计方面，要采取一种柔中透着不卑不亢的原则才是上策。既要在外显示出自己精明干练的素质和能力，又要在丈夫面前表现得非常通情达理、庄重淑婉。所以衣着不要模仿男性的粗犷和豪爽，有一点儿潇洒足矣，但不要太过。

（2）在待人处世方面，切不可以男性过分的脱俗和果断为榜样而做事不计后果。尤其是在丈夫面前，以及处理家庭中的事情时，要给丈夫一些机会，不要失去妻子的本色。如果失去了作为女人的天性，也就失去了大部分的自己，那样你将很难得到他人的认同。

（3）懂得及时转变自己的身份。上班的时候当个“女强人”，和男人一样雷厉风行地工作；下班后则变得小鸟依人，在家里甘居下风。

（4）适时表现出自己的软弱。如果你表里一致地强，像只老虎一样强，丈夫绝对不会喜欢你。谁愿意与一只老虎相处，一有机会，他肯定就会溜走。

（5）不要总是以自己为中心。一个家庭中，每个成员都不可或缺。既然婚姻是两个人的舞台剧，那么再忙也要每天坚持表演一段。

在丈夫面前适当示弱，是渴望疼爱的潜在语言，如果表现出自己强得谁都不需要了，那只能是自找苦吃。许多时候，丈夫会因为帮助了妻子，而使他更清楚地感受到两个人的互动，丈夫在感受到两个人的情感互动后，就会产生更强的爱的热情。反之，若做妻子的因为强过丈夫而将其贬损得一文不值，那丈夫怎么会有共同生活的热情？一方没了热情，两个人的幸福又从何而来？

6. 握住幸福的沙漏——理解和包容

有句话说：“相爱容易相处难。”从甜蜜浪漫的恋人变成朝夕相处的夫妻，双方如何和谐相处、让爱情“保鲜”？这是许多家庭普遍关注的话题。家庭和谐是直接关系家庭成员幸福指数的核心问题。作为家庭中的核心成员，夫妻之间能否达到相互理解、相互包容，无疑是家庭和谐的关键所在。

在家庭生活中，有一种感动叫相亲相爱，有一种感动叫相濡以沫，还有一种感动叫理解与包容。家庭犹如行驶在大海中的一艘小船，有时风平浪静，一帆风顺；有时风雨交加，急流暗礁。所以，只有划动理解的桨，挂起包容的帆，夫妻同心协力才能到达幸福的彼岸。

理解和包容在家庭中是一种高贵的品质、崇高的境界，是夫妻双方思想成熟、心灵丰盈的标志；理解和包容有一种仁爱的光芒，是对别人的释怀，也是对自己的善待；理解和包容是一种生存的智慧，是洞悉了社会人生以后，所获得的那份自信和超然；充满理解和包容的家庭，就一定是和谐、温馨、幸福的家庭。

如果把恋爱比作风花雪月浪漫小夜曲，那么婚姻就是锅碗瓢盆命运交响曲，谱写着最平凡的家庭曲调，演奏着最朴实的乐章。婚姻中的爱情，最终会慢慢地不再被提起，彼此更多的是同甘共苦，相互守候，相互扶持。在家庭中仅仅靠爱情的基础来维持关系是不够的，夫妻双方还要用心去理解和包容，用心去经营和维系。

婚姻里没有谁对不起谁，都是为了一个幸福快乐的家而彼此理解和包容。家庭不是一个人的事情，家庭里的夫妻双方都要对婚姻负责。有这样一句妙语："婚姻是唯一没有领导者的联盟，但双方都认为自己是联盟的领导。"试想，婚姻中一对陌路相逢的男女，要在同一屋檐下风风雨雨几十年，而且又有着各自的个性，和睦相处一生实属不易。当个性冲突时，往往带来家庭不和，很多家庭因此而亮起了红灯。此时，家庭更需要彼此的理解和包容。

如果把家庭比作汽车，爱就是灯光，而理解和包容、忍让和体贴就是动力。在具体的家庭生活中，当男人暴跳如雷的时候，女人的忍耐可以化解战争；当女人使小性子的时候，男人的包容也能化解这种纠缠，即使发生激烈的冲突，也会化险为夷。人类爱情的最高境界，是回归到同甘共苦的亲情中，回归到共担责任的家庭中，即所谓"执子之手，与子偕老"。

家不是一个讲理的地方，而应该是个宽容错误的地方，是个宁静的避风港湾。对家人多份爱心和宽容，那么家庭生活也就会多份幸福和美好。

比如大家熟知的林徽因、梁思成和金岳霖的故事。

林洙在她的书中这样写道："我曾经问起过梁公金岳霖为林徽因终身不娶的事。梁公笑了笑说：'我们住在总布胡同的时间，老金就住在我们家后院，但另有旁门出入。可能是在1931年，我从宝坻调查回来，徽因见到我哭丧着脸说，她苦恼极了，因为她同时爱上了两个人，不知怎么办才好。她和我谈话时一点不像妻子对丈夫谈话，却像个小妹妹在请哥哥拿主意。听到这事我半天说不出话，一种无法形容的痛苦紧紧地抓住了我，我感到血液也凝固了，连呼吸都困难。但我感谢徽因，她没有把我当一个傻丈夫，她对我是坦白和信任的。'林徽因把这种坦荡做到了极致。"

"'我想了一夜该怎么办？我问自己，徽因到底和我幸福还是和老金一起幸福？我把自己、老金和徽因3个人反复放在天平上衡量。我觉得尽管自己在文学艺术各方面有一定的修养，但我缺少老金那哲学家的头脑，我认为自己不如老金，于是第二天，我把想了一夜的结论告诉徽因。我说她是自由的，如果她选择了老金，祝愿他们永远幸福。我们都哭了。'梁思成也是经过了复杂而痛苦的思想斗争才告诉林这个结果，他对林徽因的这种坦诚显然没有足够的思想准备。

"林徽因后来把梁思成的意思转告给了金岳霖，老金的回答是：'看来思成是真正爱你的，我不能去伤害一个真正爱你的人。我应该退出。'从那次谈话以后，梁思成再没有和徽因谈过这件事。因为他知道老金是个说到做到的人。徽因也是个诚实的人。后来，事实也证明了这一点，他们3个人始终是好朋友。他自己在工作上遇到的难题也常去请教老金，甚至连他和徽因吵架也常要老金来仲裁，因为他总是那么理性，把他们因为情绪激动而搞糊涂的问题分析得一清二楚。”

“你是自由的”，多么朴实和令人感动的一句话，是一位男子汉的痛苦抉择，是一位真男儿的心声。真爱一个人，不一定要占有，而是为了对方的幸福而割舍自我幸福，在这一点上，梁思成做到了。面对这样一位男人，林徽因亦给予了最令人感动且令男人都无法拒绝的话：“你给了我生命中不能承受之重，我将用一生来偿还！”这一份“重”是丈夫对她的尊重和宽容。

他是她丈夫，可她并没有将他紧紧地束缚在自己身边，并没有因为他的不完美而与他发生这样或那样的冲突和矛盾；她是他的妻，可他并没有剥夺她的社会角色：作为学者的身份，作为徐志摩恋人的身份，作为金岳霖朋友的身份……只有心怀大爱、心胸坦荡之人，才能容忍自己的妻子深切地悼念自己的初恋，才能容忍妻子与曾经心动的男人做一生的朋友。

林徽因用理解和坦诚，换来了梁思成的信任和呵护；梁思成亦用大度和宽容，让林徽因死心塌地地与他过完了一生。

爱，其实就是理解和包容。真爱一个人，首先要懂得他和理解他，除了要爱他的优点之外，最重要的就是接受和包容他的缺点，这样的爱才是真爱，这样懂得爱才能经受岁月和生活的重重考验。

“海纳百川，有容则大。”所以理解和包容是一种素养，是一种姿态，是一种境界，更是一种美德。而这种美德绝不是与生俱来的，必须靠长期真诚相处修炼得来。用理解和包容面对生活、面对人生，才会使自己拥有一个平静从容的心态，才能使自己活得更轻松、更洒脱。理解和包容别人，其实就是理解和包容我们自己，多一点对别人的理解和包容，我们的生命中就会多一点自由空间。

家庭中的幸福，其实就是一种甜蜜爱情的延续，是由婚姻中的理解和包容堆积而成的，包含着真情实意串起的珍贵记忆。这种理解和包容，会珍藏在我们的心里，如同花粉存放在蜂房里一样，有朝一日会酿出甜蜜。理解和包容有着夫妻间心与心纯洁的承诺，家庭中有了理解和包容，便会有很多让你感动的美好回忆。在家庭中学会了理解和包容，你的心态会更平和，你的心情会更轻松，你的心胸会更宽阔，你的人生会更美丽。

第三章

知性之美，脱胎于良好的修养

知性的女人没有华丽的装饰，但在她的身上，有另一种美丽在闪烁，这种美丽朴实无华，源自良好的修养。

1. 可以不漂亮，但不能不善良

女人可以不漂亮，但不可以不善良，一个有着恶劣品质的女人不会得到男人的青睐。现代女性尽管可以拥有自己的事业，可以像男人一样打拼，可以在各种领域成为“女强人”，但是，潜藏在内心深处的善良本色是不能丢的。

美丽，这是一个不同环境不同心理定位的评价词；它没有统一的标准，有人认为女人因打扮而美丽，所以，有的女人会使用高档亮丽的化妆品，穿着华丽的服饰，但当女人们脱下一切外壳，站在镜子前审视自己时，才发现自己依然是原来的自己，并没有因打扮而变得魅力无限；也有人认为女人是因漂亮而美丽，女人的漂亮的确使人觉得赏心悦目，但她也犹如雨后的彩虹，只是暂时的。其实，只有善良才是女人永远的美丽，因为善良这种美丽是用“心”感知的。

善良的女人是最可爱的女人，善良的女人是人世间最耀眼的光环，她们会把这种光芒带到人世间每一个需要点缀的角落。

善良的女人不会怨天尤人；善良的女人不会牢骚满腹，那只能使女人有失风范；善良的女人只会不忘理解之真谛，理解也让她更妩媚；善良的女人时时复习体贴之内涵，体贴关心他人的同时自己将收获内心平和；善良的女人在家人面前如被中棉，温暖家人之时自己也是温馨盎然；善良的女人在朋友面前如雪中炭，燃烧自己的同时给他人送去热情无限！

在实际生活中，打扮华丽、容貌娇媚的女人比比皆是，但是她们却很难让人们清晰地记住。而那些善良的女人，一经接触便会时常浮现在脑海之中。

她一生清贫，因为小时候车祸被轧断了一条胳膊，一直没有结婚，也没有什么正式工作，靠捡破烂维持生计。有一次在捡破烂的时候，她捡到一个孩子，有三四个月大，孩子的腿有点残疾，她看着可怜就将其带回了家，起名叫乐乐。那时候她已经40多岁了，由于生活艰辛，她的样子看起显得更加苍老。

但是孩子不是个小负担，才几个月大，正是花钱的时候，于是她就更加勤奋了。每天天不亮就起床，喂乐乐吃奶，自己再草草弄点吃的。因为孩子还小，放在家里不放心，她就把一个篓子背在身上，把乐乐放在里面。再带上尿布和奶瓶，还有几个装垃圾的袋子，就出发了。

多少年了，她一直都是这样。一件衣服穿了十几年还舍不得丢，破了就补补；吃了半辈子的菜叶子，从来没有舍得改善一下生活，就连过年都舍不得吃好的。但是她对乐乐却很慷慨，乐乐小的时候不懂事，总嚷着要吃的，她都是笑着买给她。

就这样，乐乐渐渐长大了，到了该上学的年龄了，她做出了一个很勇敢的决定，那就是送乐乐去上学。知道了她的这个决定后，很多人都劝她说，你自己那么不容易，还送孩子上什么学？把她养大就不错了，再说她的腿还有毛病。可是她笑笑说："孩子要上学才有出息。"

就这样，乐乐被送进了附近的一所学校里。孩子上学了，光学费就是一笔不小的开支，她就更忙了，除了捡破烂，她晚上还给人做手工活，以维持生活。她的头发白了，眼睛花了，背也驼了。乐乐的学习成绩在班级里一直保持前三名，她很懂事，每天放学都抢着做家务，模样长得也俊俏，就是腿走路不方便。可是在乐乐即将小学毕业的时候，她又做出了一个惊人的决定，那就是给乐乐治腿。她带乐乐去医院检查过，医生说乐乐的腿如果动手术的话，有希望治好。知道她的人都说她太傻了，为了一个捡来的孩子值得吗？

后来乐乐考上了大学，她也变得愈加苍老起来。她睡的时间更少了，她拼命地挣钱，因为她不想乐乐在外面吃不好，穿不好。可是即便她再努力，乐乐读大学的学费还是像一座大山一样沉重地压在她的肩膀上，让她喘不过气来。她感觉自己的力量是那么渺小。她想办法租了个摊位卖菜，每天起早贪黑地操劳着。终于熬到乐乐大学毕业了，她却倒下了，她摸着乐乐上班第一个月挣回来的工资，带着微笑安详地闭上了眼睛，永远地离开了这个世界，身上穿的是一件补丁摞着补丁的衣服。

这个善良的女人，用尽一生的时间、精力和心血去爱一个和自己毫无血缘关系的孩子，这是一个有着怎样灵魂的女人？她用残缺的身体为一个孩子撑起了一片天，她靠捡破烂供她读到大学毕业，却没有享受到一天的好时光，没有等到孩子给她任何回报，她就离开了。她的善良，感天动地！

一个不善良的女人纵使闭月羞花、沉鱼落雁、风情万种，纵使家财万千、事业腾达、叱咤商场，纵使聪颖机智、天资过人、多才多艺，也毫无美丽可言。善良是试金石，没有了善良，拥有再多也会失去；有了善良，即使什么都没有也能活得幸福，也能得到所有人的爱戴和尊重。

作为一个女人，你不会永远年轻，容颜会老去，这是人生自然现象，谁都无法回避；花无百日红，这是亘古不变的哲理。

所以不能只看到花儿妖娆之时的光彩夺目，要想到有一天花儿会凋零。不能在年轻之时无所顾忌，要想想自己有一天会老去；花儿谢了留给人们的永有那一抹淡淡的清香，人老了留给人们的只有那一份善良。因为只有善良，才会得到世人的认可；只有善良，才是女人由内而外的独特魅力；只有善良，女人受到伤害时才会得到同情；只有善良，女人为他人所做的付出与牺牲才会让人敬重！

身为女人，你可以没有美丽的容颜，但你不能抛却自己那一颗善良的心。因为一个女人不会因外表漂亮就变得可爱，而只有善良的内心才能让她的美丽永在！

2. 豁达是女人的“大智慧”

对于女人来说，豁达不仅意味着一种超然，它更是一种智慧。

在生活当中，人人都能以不同的角度理解豁达的含义，人人都在用心追求豁达大度的意境。然而，却很少有人能真正地成为一个豁达的人。有人说，一个豁达的男人，是最有魅力的男人；一个豁达的女人，是最具智慧的女人。可以说，女人的智慧脱胎于豁达，是豁达让女人有一种大气的美。

一个豁达的女人，不会与人斤斤计较自己的得失；一个豁达的女人，无视于命运带给自己的苦难；一个豁达的女人，有自己的主见；一个豁达的女人，充满着淳朴的爱心；一个豁达的女人，她的美是从内而外散发出来的，是最动人的，也是最持久的。

女人的豁达在于修炼——人性的修炼，心性的修炼，学识的修炼，境界的修炼。豁达是女人智慧中不可缺少的一部分。豁达的女人是最完整的女人。在生活中，她是一个娴雅优美的女人，彬彬有礼、温婉可人；在工作中，她是一个宽厚大度的将军，张驰有度。

美国玫琳凯化妆品公司的创始人兼董事长玫琳凯，这位化妆品业的巨头，以她的智慧，缔造了世界化妆界的神话。

其实，玫琳凯的成功，与她从小养成的豁达性格不无关系。玫琳凯是一位命运多舛的女子，在她30岁以前，生活中的灾难一个接一个地降到她身边。很小的时候，父亲因病住院，母亲为了照顾全家人的生活，从早到晚在外打工赚钱。玫琳凯7岁时，便担当起重病中的爸爸的厨师与护士工作。当时，个子矮小的她站在椅子上给爸爸做饭，做饭时，她要打20多个电话给妈妈。在电话里，妈妈一直用话激励着她："宝贝，妈妈知道你能做好，一定能！"正是妈妈这句话，让小小的玫琳凯有了自信，即使饭做得不好，她也不沮丧，而是充满信心地迎接第二次的挑战。

有句古话说得好："天将降大任于斯人也，必先苦其心志，劳其筋骨，饿其体肤。"命运好像有意考验这个豁达美丽的女孩，27岁那年，她的第一任丈夫与另一个女人私奔离家出走，把3个没成年的孩子留给了她。这时的玫琳凯可以说是"山穷水尽"了：她没有工作，没有一分钱的积蓄，更没有经济来源，丈夫的突然离家，等于把她逼上了绝路……面临重重困难，玫琳凯痛定思痛，望着空荡荡的家和眼巴巴地等她准备饭菜的孩子们，她的决心被来自心中的母爱激发出来。她把孩子们抱在怀中，心中有个声音对她说："谁说我一无所有，我是一位妈妈，我要用爱、用双手改变自己和孩子的命运。”第二天，这个平凡而又坚强的女性强装笑脸，走上社会，去谋生路。

几经奔波，她终于找到一份既能照顾家又能干事业的直销工作。在工作当中，她以豁达的心胸对待竞争对手，以坦诚的笑与顾客交心。常言说：“精诚所至，金石为开。”不久，她成为经验丰富的销售强人，并一步步地走上公司的领导职位。

现在她的公司，从最初的9个人发展到了今天的75万名员工。在20世纪90年代末，公司销售额就已经达到20亿美元。

这就是豁达带给女性的智慧，就是这种豁达的心胸，让她们在面临困顿时，身陷人生低潮之时，不畏葸，不惧怕，更不奢望逃避，而是微笑着站起来，寻找理想的方向。不由让人想起普希金说的，阴郁的日子里需要镇定。那么，同样的话也可以这么说，人生狭隘之处要豁达。与其抱怨世事繁杂，还不如尝试着用豁达去拨开云雾，眺望晴空，那么天底下的美景还有什么你看不到的呢？

豁达可以让世界海阔天空，豁达可以让争吵的朋友重归于好，豁达可以让多年的仇人化干戈为玉帛，豁达可以让兵戎相待的两国和平友好。

豁达就是这样一种人生大智慧：豁达了就容易成功，豁达了就容易幸福。做豁达的女人，然后智慧地生存，这样的女人自然能享受到生活的诸多美好。

3. 女人一生都应该有梦想

梦想无论怎么模糊，它总是潜伏在我们心底，使我们的心境永远得不到宁静，直到梦想成为事实。梦想从不抛弃苦心追求的人，只要不停止追求，每个人都可以沐浴在梦想的光辉之中，创造精彩的人生。梦想虽然不足以使我们到达远方，但是到达远方的人一定都有梦想。

女人一生都应该有梦想，它是一种心灵层面的东西，也是一种生命的释放形式，它有着直观而天然的特性，不会因教化和灌输而变质，它是纯粹的、感性的。如果你希望做一个幸福的女人，有自己精彩的人生，无论何时回忆自己的过去都觉得充满意义，那就不要放弃自己的梦想。

所有非凡的女人都背景各异，但相同的是她们都敢于追梦。当她鼓起勇气为梦想踏出第一步的时候，生命已经不再一样；当她在生命中放飞梦想的风筝，她的心就接近了高远的蓝天。

梦想是女人成功的第一块基石。

任何人都不能缺少梦想，女人尤其如此。因为有梦想的女人，她对生活和未来充满信心，充满激情，是什么事都不能够打倒的；有梦想的女人，是自信的人，她相信自己的能力，对朋友和同事都有着超强的感染力和凝聚力；有梦想的女人，可以使自己在成长中由弱小变得强大；可以说，如果她心中有梦想，她一定也是一个美丽的女人。

梦想让发展的空间变得无限广袤，这种广袤与美丽在张璨的身上就得到了很好的印证。

大学毕业的那天，同学们都兴奋不已，只有张璨无法兴奋起来。张璨羡慕地看着同学们谈论着他们未来的工作和远景，同时心里又在翻滚着："自己不能分配到国家机关当公务员，又没有好的事业单位愿意接收，今后的路该怎么走？"

思索良久，张璨最终决定："国家不能安排我的工作了，我就自己去闯荡，我要让我的生活充满活力和希望，实现自己更多的梦想。"

于是，张璨开始一个人到中关村去闯荡事业。

刚开始，张璨工作没有着落，但是她经常激励自己说："没有工作也许会更有前途，因为自己面对的机会更多，只要有梦想，一切都能成为可能。"

就是在这样的心态下，张璨开始了她的创业生涯。

创业的艰难对于成功者来说是相似的。从中关村一间小房屋开始，到经营一个部门，再到自己开创电脑贸易公司，其间的艰辛不必去详加叙述，相信很多人都能想到。往事已去，不再回首，张璨经过自己的努力，终于慢慢获得了成功。

张璨说，她真正的第一桶金应该说是做电脑得来的。当时，在中关村做电脑贸易还没有品牌的概念。她就把电脑贸易公司取名为"达因"。

然而，张璨并没有满足于那点成就。由于张璨聪明、机敏而又踏实苦干，她的公司后来成了美国康柏电脑公司在亚洲的最大代理商。1995年，达因又进军房地产市场。1996年，达因集团显示器生产厂建成，每年出口额就达1亿美元，内销达2~3亿人民币。

谁也没有料到“达因”拥有这种聚沙成塔、集腋成裘的力量：如今，达因公司已经成为拥有几十家分公司、净资产上亿美元的大型集团公司。

同时，张璨的创业之路不止这些，她还开餐厅、搞房地产，可以说，她既经历了各种艰辛，也承受着失败的痛苦。到20世纪末，她统领着的达因已经成为一个在信息技术、生物与健康和房地产三大领域进行投资与经营的大型民营高科技企业。

面对这些成就，张璨没有直接谈自己是怎样成功的，她把这一切都归于自己所拥有的梦想。为了梦想，她学会了追求和奋斗，学会了她父亲时常告诫她的自律。她坚持每天7点起床。可人是有惰性的。有时候张璨累得只想好好地在床上多躺一会儿，但是只要一想到自己的梦想，一想到要为梦想努力奋斗，张璨就会毅然起床，开始自己新一天的征程。

张璨要让自己的生活变得丰富多彩，要把自己的梦想都变成生活的现实。然而，张璨知道，梦想不是一朝一夕就能实现的，也不是永远都停止不变的。梦想也可能会破灭，梦想也可以变成一抹刹那间消失的泡沫。

张璨说，直到今天她也不敢说自己是一个成功的企业家，她知道在理论和管理实践上她还需要不断地学习。因为她懂得，人的一生，成功只是一段，而成长是一辈子的事；成功只是自己梦想的一小部分，而成长则是人生永恒不停的步伐与追求。要让自己的生活变得充实精彩，就得不断地学习，并在不断成长中实现自己更多的梦想和希望。

没有梦想的人生是乏味的，所以无论成功或是失败，女人都应该去追逐人生的梦想。这个追逐梦想的过程，会让女人一生没有遗憾，更会为女人带来丰富多彩的生活，也能让女人在追梦的征程上走得更远。只要有梦想，终有一天你会破茧而出，冲破现实局限，飞抵梦想成真的美丽新世界。

梦想值得女人珍惜，它和爱情一样，一旦被浇灌，就可以给女人带来幸福愉悦的体验。不管你的梦想是成为一个事业型女人，在某个领域做一朵铿锵玫瑰，还是惬意地在自己的小小世界里书写美好的童话故事，只要你能坚持不懈地追求这个梦想，它都会给你带来丰厚的回报！

4. 激情让女人更自信

这个时代充斥着物欲的身影和浮躁的气息，真正的自信在不经意间已经成了一种奢侈。时下所谓的自信，多流于无知的轻率或任性的固执，或目空一切，或刚愎自用，或一意孤行。人们把目光短浅的狂妄叫作自信，却不在意其盲目。人们把阻言塞听的自负叫作自信，却不在意其狭隘。人们把掩耳盗铃的鲁莽叫作自信，却不在意其愚昧。自信仿佛成了点缀个性的奢侈之品，体现性格的装饰之物。

而真正的自信是一种睿智，那是胸有成竹的镇静，是虚怀若谷的坦荡，是游刃有余的从容，是处乱不惊的凛然。

有一个墨西哥女人带着孩子跟丈夫一起移民美国，当他们抵达得州边界艾尔巴索城的时候，她丈夫不告而别，离她而去。留下她束手无策地面对两个嗷嗷待哺的孩子。22岁的她带着年幼的孩子，饥寒交迫。虽然口袋里只剩下几块钱，她还是毅然地买下车票前往得州。在那里，她给一家墨西哥餐馆打工，从大半夜做到早晨6点钟，收入只有区区几块钱。然而她省吃俭用，努力存钱，希望能做一份属于自己的事业。

后来她打算自己开一家墨西哥小吃店，专卖墨西哥肉饼。有一天，她拿着辛苦攒下来的一笔钱，跑到银行向经理申请贷款，她说："我想买下一间房子，经营墨西哥小吃。如果你肯借给我几千块钱，那么我的愿望就能够实现。"一个陌生的外国女人，没有财产抵押，没有担保人，她自己也不知能否成功。但幸运的是，银行家佩服她的胆识，决定冒险资助……

15年以后，这家小吃店扩展成为全美最大的墨西哥食品批发店。

这是一个平凡女人的自信带来的成功。自信使她白手起家寻求生路；自信给了她战胜厄运的勇气和胆量；自信也给她带来了聪明和智慧。任何人都会成功，只要你肯定自己、相信自己一定会成功，那么你将如愿以偿。

自信与胆量密切相关，自信可以产生勇气，同样，勇气也可以产生自信，而缺乏胆量或过分的自我批判就会削弱自信。

自信是成功人生的最初驱动力，是人生的一种积极的态度和向上的激情。

同是享用一盘水果，有的人喜欢从最小最坏的吃起，把希望放在下一颗，感觉吃过的每一颗都是盘里最坏的，这盘水果就彻头彻尾成了一盘坏水果了。相反，有的人喜欢从最好最大的吃起，那么吃下去的每一颗都是盘里最好的，美好的感觉可以维持到最后。

这是一种奇妙的非逻辑性的感觉，充满心理错觉和心理暗示。

自信与自卑，也是如此。主动与被动仅一字之差，但生命情调却如同吃这盘水果，心情感觉悬隔万里。

同是阴雨天气，自信的人在灵魂上打开一扇天窗，让阳光洒进心里，由内而外透射出来，神采奕奕精力充沛，让你感觉得到温暖。自卑的人却在灵魂上打了一排小孔，让阴雨渗进去，潮湿的霉气散发出来，她站在阴暗的边缘，一不小心就会被忽略。

同是看一个人，一个比自己优秀的人，自信的人就懂得欣赏，并在欣赏的过程中充实自己，相信“我可以更好”；自卑的人却会萌生嫉妒，并在嫉妒的过程中不断丑化对方，让自己相信“原来我看错了”。

自信不是初生牛犊不怕虎的意气用事，也不是搬弄教条经验的冥顽不灵。自信不是孤芳自赏，不是夜郎自大，也不是毫无根据的自以为是和盲目乐观。自信的魅力在于它永远闪耀着睿智之光。它是深沉而不浅露的，是一种有着智慧、勇气、毅力支撑的强大的人格力量。

每一个女人都可以通过化妆、穿衣、发型等方式把自己打扮得更有气质，这个世界上本来就没有十全十美的人，每一个人在外貌方面都有着独特的气质和优点，只要学会将自己的优势凸显出来，找到自己的亮点，自然有一份独特的吸引力。一个聪明的女人应该懂得欣赏自己，接受自己的容貌，停止再将自己的外貌与别人做比较。

大家可能都知道著名的模特儿吕燕，按照我们中国人传统的审美观来看，她毫无疑问是个“丑女”：小眼睛、柳叶眉、大颧骨、塌鼻梁、厚嘴唇、满脸雀斑，一米七八的身材，微驼背。

然而，这个在山沟长大的女孩，现在已是国际名模，定居纽约，一年要在巴黎、米兰、伦敦等时尚城市进出好几次，走不尽的T台，拍不完的杂志封面，还有各式各样的产品代言。曾经的吕燕，对于自己的容貌也相当不自信。一次偶然的机会，中国著名形象设计人李东田和冯海发现她长得虽不美但很有特点，于是为她拍了一组照片，从此一发不可收拾。2000年世界超模大赛爆出大冷门，在人们眼里绝对没有获奖可能的“丑女”吕燕荣登亚军宝座。而在这之前，中国模特儿在这一大赛上的最好名次是第四名。

东方人眼中的“丑女”，在国际顶尖设计师的眼中却惊艳无比。独具慧眼发掘吕燕的中国顶尖时尚造型师李东田说：“我第一眼看见她，就有震撼的感觉，她的面孔很少见，特别国际化，不同凡响，尤其她身上透出那种同龄女孩少有的自信和坚忍，让人一看就知道这是个supermodel（超级名模）的料。”

这个世界就是这样，没有丑女人，只有不自信的女人，每个女人都有自己容貌上的特点，这个特点很有可能成为你的标志。如果一个中等姿色的女人总是羡慕着别人的美貌而对自己过于挑剔，那么你就无法获得快乐。其实，在一个人眼中的“丑女”可能就是另一个人眼中的“美女”，不自信的女人总是对自己妄自菲薄，而一个自信的女人却真心地喜欢自己的容貌，并能够快乐地和他人交往，并从中获得幸福，你愿意做哪种女人呢？

5. 把握机会，勇气是女人的光华

许多女性做事都比较缜密，一件事非要筹划到自己认为万无一失，才开始行动，刚刚踏入社会的年轻女性尤其是这样。其实，人算不如天算，所谓的周密计划有时候会使你坐失良机。

不管是生活中还是工作中的目标，并非都是“生死攸关”的。而事实上，又有许多事坏于拖拉迟疑。许多女人一开始行动，步子尚未迈出就想到消极的一面、想到失败。这种恐惧心理削弱了她们的自信，限制了她们的潜能，束缚了她们的手脚，使她们遇事不敢轻举妄动，从而失去机会，流于平庸。

每个人的生活中都充满了机会。你在学校里的每一堂课都是一次改造思想的机会；每一次考试都是一次检验自我的机会；每一篇发表在报纸上的文章都是一次自我完善的机会；每一次商业买卖都是一次走向成功的机会；每一次人际交往都是一次展示你的优雅与礼貌、果断与勇气的机会，也是一次表现你诚实品质的机会，同时又是一次结交朋友的机会。

物竞天择，适者生存。如果你利用一切机会，充分施展了自己的才华，那么这个机会所能给予的东西就远远大于它本身。

有智慧眼光的自信女人能够从琐碎的小事中发掘出机会，而目光狭窄的女人却让机会像时间一样轻易地从眼前飞走了。有的人在其有生之年处处都在寻找机会。他们就像千里马找伯乐一样，寻找一个展示自我、提升自我的平台。对于有心成功的女人而言，每一个她们遇到的人，每一天生活的场景，都是一个机会，都会在她们的知识宝库里增添一些有用的知识，都会给她们的个人能力注入新鲜的血液。

伟大的成功和不俗的业绩也总是属于那些有准备的女人们，而不是那些一味等待机会的人们。年轻女性更应牢记，良好的机会完全要由自己创造。如果以为个人发展的机会在别的地方，是别的什么因素，那么你一定会丢掉好的机会而且碰得鼻青脸肿。机会的种子其实就埋在你良好的素养、深厚的学识、进取的身影之中。

失败的女人喜欢说，自己之所以失败是因为没有“天时、地利、人和”，因此好位置就让别人捷足先登了，轮不到她们去竞争。而有意志的女人绝不会找这样的借口，她们不会光等待机会，而是靠自己的苦干努力去创造机会。她们深知，唯有自己才能给自己创造机会。而一旦有了机会，她们绝不放弃磨炼自己、完善自己的阶梯。正是顺着这些阶梯，她们才一步步走向理想之巅。

其实，成功是没有秘诀的，非要说有的话，那就是立即行动起来。天上是不会掉馅饼的，你只有行动起来，才会发现别样的景色，才会发现原来的景色是那样单调与乏味，也才会发现更五彩斑斓的地方其实并不遥远。

有这样一则寓言，老鹰苦口婆心地教小鹰飞行的技巧。可一遍又一遍的解说效果却不尽如人意，小鹰总有这样那样的问题：“我是先扑左翅呢，还是右翅？平衡到底怎样做到？”老鹰顿了顿，说：“先行动起来吧！”

刚踏入社会的女人经常这样说：“这样贸然行事，无法达到最好的效果。”其实，人追求极致很正常，但取得最佳的效果却不是常有的，通过实际行动做到更好就够了。只有行动，才会发现自己的不足，积累弥补不足的经验，也只有行动才能使人进步。因此，最踏实的做法就是大胆向前，想做什么就去做，慢慢去实现自己所向往的目标，完善自我、完善生活。只要向着你的目标大胆地行动起来，生活就会走上正轨，自己也会创造奇迹。

当然，在行动中去学习，“付学费”也就不可避免，就好比总不能因为怕摔跤而不去学习走路。然而，对于成功人士来说，他们都敢于尝试、敢于冒险、敢于做前人未做过的事。尝试、错误，尝试、错误……再尝试直至成功，这正是学习和进步的唯一途径。

行动起来，就有了希望，成功没有捷径。只有在行动中尝试，改变，再尝试……才会达到成功。有的女人成功了，只因为她比我们行动更早、犯错更多、失败更多。“没有行动的地方，就绝对没有成功。”停止行动之日，便是完全失败之时。

无论是爱情、事业、家庭，得不到的和失去的并不是最好的和最重要的，珍惜和把握眼前的才是最重要的。自信的女人，赶快行动起来吧！把握生命中每一个稍纵即逝的机会，人生的成功便由此而筑就。

6. 独立是女人最漂亮的外衣

萨特的终身伴侣波伏娃曾说：“即使选择了独立，对多数女人最有吸引力的，也仍然是爱情这条道路；让一个女人承担她自己的生活责任，会令她感到苦恼。她宁肯受奴役的愿望是那么强烈，以至于在她看来这种奴役表现了她的自由。”女人的自然使命和天职是什么呢？爱情、爱唯一的一个人的爱情、永恒的爱情。但是，更重要的其实是工作独立、事业独立和经济独立，然后才有可能谋求感情独立。

所谓感情独立，是无论恋爱的结果是什么，你都应该明白，你需要的是自己能够感受到的快乐，而不是他快乐、你就快乐，他悲伤、你就悲伤。要知道以男人的反应为标准来衡量爱情，爱情的技巧再多也没有效果。要感情独立，才能做到大道无术。而那些恋爱的技巧，应该是“锦上添花”。

一个人的性格一半是源于遗传，一半是来自后天的环境影响和教育。女孩在成长过程中，家长会不自觉地给她们过多的保护，女孩似乎就应该比男孩娇气一些，男人就应该帮助女人。结果导致女人比男人有更多的依赖性。

许多女性结婚以后主要精力都放到了丈夫和孩子身上，觉得有丈夫在外面奋斗就行了，夫贵妻荣。当丈夫的事业发展了，孩子长大成人了，她就变成了多余的人，在别人眼中毫无吸引力，自己也感到很自卑。

女性身上的母性使自己愿意无私奉献，可如果一点也不考虑自己的成长、事业和爱好，女性很快就会被奉献空了，最后失去自我。即使家境很富有，女性也应该有自己的事业和空间，因为那是女性自信的来源。

有人把女人比喻成一本书或一所学校，但是，如果没有了新鲜的内容，吸引力又从何而来呢？所以，女性在关心家庭的同时还应该多关心自己的事业发展、人格修养，让自己的生活充实起来。

独立，不仅是女性自信的源泉，也是一种成熟的魅力。像《2046》里巩俐饰演的黑蜘蛛，有着一双看破尘世浮华的淡漠的眼睛，一张诱人的烈焰红唇，一袭黑色的紧身小礼服，在众人面前高贵而优雅，让人有一种惊艳的感觉。《甜蜜蜜》里张曼玉饰演的展翘，则是一位可爱的女人。她是一株无论在什么环境下都能够茁壮成长的杂草，有着极顽强的生命力，有着独到的见解。还有身残志不残的张海迪，一个高位截瘫的女人，凭借着自己顽强的意志读完博士，时刻想着为这个社会尽一点绵薄之力。她们因为独立而使平淡的生命变得异常精彩，她们的优雅源自生命的最深处，使自己多了一分令人赞赏的迷人气质。

历史上，好女人总是作为某个男人的附属品而存在，而今时代不同了，女人了解了独立的意义，她们相信独立的女人是最美的。独立的聪明女人犹如盛放的郁金香，那矜持端庄的花姿，娇鲜夺目的花朵，衬以淡绿色的叶片，散发着属于自己的芬芳，姿态永远是那么优雅，气质永远是那么迷人。

每个人都是独立的，聪明女人懂得为自己而活，自尊自强自爱，生活才会更有价值，这样的女人身上会散发出迷人的芬芳，自然也能赢得男人深厚的爱。

同时代的女子，朱安一生坚守，把自己放低到“大先生”鲁迅的尘埃里，却始终没有开出花；蒋碧薇一再选择，在不同的男人身边重复同样的痛苦，晚景凄清；陆小曼不断放纵，沉湎于鸦片与感情的迷幻完全丧失独立生存能力。唯独张幼仪，这个当年被徐志摩讥讽为“小脚与西服”的女子，独自带着幼子在异国生活，还进入德国裴斯塔洛齐教育学院读书。虽然经历了二儿子彼得的夭折之痛，但离婚3年之后，徐志摩在给陆小曼的信中再次提到这位“前妻”时却赞叹“一个有志气有胆量的女子，这两年来进步不少，独立的步子站得稳，思想确有通道”。得到一个曾经无比嫌弃自己的男人的真心褒奖，张幼仪离婚之后，人生确实有了鲜花与掌声。

纵观张幼仪的人生，简直像一出励志大剧，婚姻的失败和情感的挫折没有关闭她事业的大门，她在金融业屡创佳绩，一手创立的云裳时装公司还成为上海最高端、生意最兴隆的时尚汇集地。

独立的女人，一定曾经有过情感上的创伤。即使如此，她们仍然有把挫折转化为事业成功的动力，至少，不会一蹶不振。她们知道幽默，知道自我开解，知道原谅，知道轻松。因为她们把快乐放在自己手心，不系于别人的言行上。

独立是一种很高的境界，它需要高素质的心态和全新的价值观。女性在经济上应该独立，这样她们的精神独立才有相对坚实的地基。她们不应该依靠任何人，因为她们懂得坚实的经济基础，是维护自我尊严的必需。而且有了经济的独立，她们也更容易享受到成就带来的满足感。

7. 水滴石穿，柔能克刚

温柔是女人特有的魅力，女人要善于运用自己的温柔，来应对社交中的一切困难。

水滴石穿，柔能克刚，至柔之水能克万物，而温柔，一样能如水一般浸透对方干涸开裂的心田。西方有一句古谚：“一滴蜂蜜所黏住的苍蝇，远远超过一桶毒药。”女性就应该做蜂蜜，用温和的语言去化解别人心中的怨恨。

在一家高档西装店里，一位顾客正拿着昨天刚买的西服，执意要退换，理由是西裤上有一处污点。

由于是打折产品，公司规定不能退换，所以一位服务员正在耐心地跟这位顾客解释。但顾客完全不予理会，还越来越不讲理，最后还威胁说要打电话到消费者协会去举报这家店。那个服务员面对如此蛮不讲理的顾客，也失去了耐心，一团怒火上来，竟和顾客争吵起来。

主管听到吵闹声后走了过来，当她了解了情况之后，对顾客彬彬有礼地说：“我先替店员向您道歉。不过根据规定，打折的衣服一概不能退换。您看这样行不行，我们这里有专门的洗液，可以帮您把这条西裤上的污点处理干净，熨烫过后不会有任何影响，到时候保证您会满意。如果您方便的话，明天就可以过来取了。”

顾客看见主管面带微笑，心平气和地跟自己解释，火气立即就降了一大半。听了主管的一番建议，顾客觉得能够接受，于是就把西裤留下走了。

第二天，西裤上的污点没了，顾客满意而归。主管没有责备那位店员，而是用实际行动告诉了他，任何时候都不应该发怒，因为那会让对方的情绪变得更加糟糕。

温柔是对女性最大的赞美。它不仅能让女人赢得别人的关怀，还是女性所独有的武器。

因此在生活中，女人常常可以用温柔来应付一些比较难解决的问题。比如，在遭遇别人的怨恨、盛怒、冷漠时，温柔便能显示出它无法抗拒的力量。

一位名人曾这样说过："如果你握紧了拳头来见我，我可以明白无误地告诉你，我的拳头比你握得更紧。但如果你来我这里，对我说：'我想和你坐下来谈一谈，如果我们的意见相左，我们不妨想想看原因何在，问题主要的症结又是什么。'那么，我们不久就可看出，彼此的意见相距并不很远。即使是针对那些不同的见解，只要我们带着耐心，加上彼此的诚意，我们的心灵也可以更接近。"

力量的表现方式有多种，温柔便是其中一种巨大的力量。能量最大的未必力量最强大，声势最大的也未必力量最大，最刚性的也未必是最坚硬的。柔能克刚，不少时候，女人的温和柔软反而比粗暴刚硬更有力量。

一天，商场里发生了一场争吵，引来了许多人驻足观看。原来是一个中年人要求退电饭煲。他态度强硬地说："我上个月才在你们这儿买的电饭煲，这才多久啊，就坏了。你们这个明显质量不过关嘛！今天你必须给我换一个新的！”

商场营业员看了看那个已经用得半新半旧的电饭煲，耐心解释道：“我们的规定是购买后半个月可以退货，但您已经用了一个多月了，不能退货，我们可以帮您免费维修。”

男人不听这些，仍然大吼大嚷，还满口脏话，就是要求退货。这时，电器专柜的女主管闻声走来，向营业员了解了情况，为了不使争吵继续下去，女主管温和地对男顾客说：“这种电饭煲已经用了一段时间了，没有大的问题，按规定超过日期是不能退的。如果你执意要退，那干脆卖给我好了。”

就在女主管掏钱的时候，那个原本粗暴的男顾客脸红了，听着周围人的议论，他终于让步不再要求退货，只要求让营业员帮他维修。

很多时候，温和的让步比强硬的反抗更能起到好的效果。面对蛮横无理者，得理者若使用以恶制恶的方式，常常会吃亏。这时候，平息风波的更好方式，莫过于用以柔克刚来对抗恶人恶语。

温和的态度永远都是让人无法拒绝的，有时不需要直接的命令，一句话就能让他人感受到温暖，自愿做出你所期望的行动。

第四章

拥抱坏情绪的黑夜，才能赢来灿烂的黎明

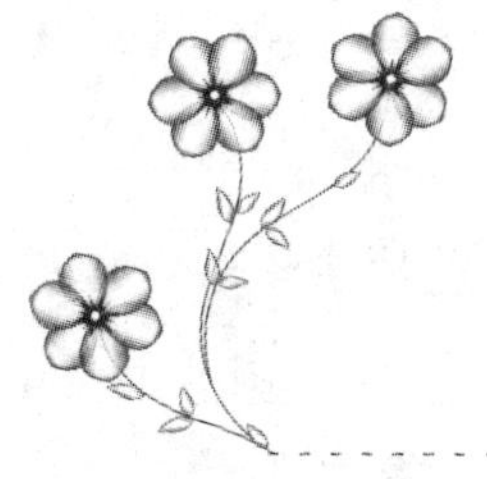

“再生气就不漂亮了”，你以为这只是一句玩笑话吗？当然不是，事实就是如此。

1. 别和年龄发火，不怕老才不会老

很多女人最害怕别人问起的莫过于自己的年龄了。年龄成了女人的内心伤痛和不愿示人的疤痕。有的女人刚刚过完30岁生日，就开始悲观起来。她们会因为自己无法控制的年龄而脾气越来越差。

她们对老公发脾气，说自己的青春岁月都被眼前的男人蹉跎了，她们对孩子发脾气，说自己为了这个家操碎了心，现在老得不像样，孩子还屁事儿不懂；她们对同事发脾气，因为公司里年轻有活力的小姑娘越来越多，每每听到人家的年龄，女人就气得恨不得让时间停止……

年轻是人人都想拥有的，因为年轻代表着青春、活力、生机勃勃，有无限光明的未来。但是，谁能给年轻规定一个标准呢？同样是30岁的美好年华，有的人认为是灿烂人生的开始，有的人却认为已经青春不再；而在心态上，有的人年纪轻轻却显得老态龙钟、暮气沉沉，有的人年过半百甚至更大却能勇于进取、乐观豁达。

或许你现在觉得自己挺年轻，但十年、二十年后你还会这么想吗？谁都会有年华老去的一天，但逃避、承认衰老绝对不是正确的态度。生气、发火更是于事无补。

所以，对于年轻的看法其实更取决于你的态度以及心理年龄。

作为女人，如果你仅仅靠金钱的投入来换回姣好的容貌，或许能够骗自己一时，可这绝不是长久之计。只有善于用乐观

的心态来对待生活才是正确的。俗话说，相由心生，心态成了世界上最好的美容良方。所以，年龄顶多只能算是女人衰老的第二大杀手。

女人要保持年轻，应该忘记自己的生理年龄，保持年轻的心态。

在同学的生日聚会上，张颖结识了开朗活泼的女孩刘菲。她们交换了姓名、单位，并且互留电话，刘菲幽默地向张颖讲起了外国某著名运动员的奋斗史。讲完了运动员的故事，刘菲还向张颖推荐了几部不错的电影。

她说："你回去看看！这几部电影都特别有趣，主人公是搞笑之王周星驰。尤其是心情不好的时候，你就去看他的电影，肯定能让你的灰色心情荡然无存！"

听着刘菲的侃侃而谈，张颖不禁对她的年龄产生了浓厚的兴趣。她忍不住问道："刘菲，你年龄挺小的吧！应该比我小很多吧！"

刘菲之前已经从朋友那里知道了张颖的年龄，所以她咯咯地笑着说："没有啊！我比你大多啦。"

张颖穷追不舍地问："不可能吧？那你多大啦？"

"33了，孩子都6岁了。怎么啦？"说完，刘菲眨着一双水汪汪的眼睛。

为什么刘菲33岁的年龄，却给了张颖二十四五岁的感觉？张颖想，33岁的女人不都是高跟鞋、职业装吗？怎么刘菲穿着白色的T恤衫，浅蓝色的牛仔裤，还有一双充满了阳光味道的运动鞋呢？33岁的女人不都是走路腰板挺直，目不斜视的吗？怎么刘菲走起路来像只轻盈的小兔子，偶尔还会连跑带蹦？

等张颖和刘菲真正成为好朋友，交往一段时间后，张颖终于明白了，一个真正年轻的女人，是不会整天记着自己的年龄的。忘记了自己的年龄，保持年轻的心态，确实是一个很棒的保养心灵的方法。而张颖总是提醒自己，青春已经逝去，我老了！

于是，张颖不会再对自己说，我不能这样了，不能那样了，这样或者那样都是小姑娘才干的事儿。更不会对自己说，我已经太老了，现在是年轻人的天下……

张颖感慨地说："当你每天对自己的年龄耿耿于怀时，你就真的老了！忘记那些烦人的数字，只管去做你想做的事，你才会快乐得像个小姑娘！"

年龄，只是生命的刻度，它对人生的成败并不起决定作用。不管你想不想它，也不管对谁，它都一视同仁。过多地为它"操心"，只会增加烦恼，对身心健康无益。

女人，请忘记自己的年龄，别以年龄来约束自己。忘记自己的真实年龄，有滋有味地活着，快活优雅地活着。那么，在她的身上就会看到20岁的活力，30岁的优雅，40岁的从容，看到她灵巧地穿梭于人群中，你看不出她的真实年龄，你能感受到的是她的年轻与可爱。

不论这个女人的年龄几何，她的所到之处都是一片春天。

TIPS：让女人恢复青春的8处方

●学习一门新知识：可以训练大脑恢复失去的功能。比如一门新的语言或演奏一样乐器，即便是做一些填字游戏也是有益的。

●社会交往：女性比男性长寿，一个主要原因就是她们有更多的情感资源。结交新朋友、与老朋友保持联系、培养自己宽仁之心、重视性关系都很重要。

●最少8小时睡眠：当你年纪较大了，你需要更多的睡眠，而不是减少。你可能会患一些小疾病，睡眠是很好的恢复。

●不要害怕玩：健美操、台球、高尔夫球，甚至是玩游戏。

●肌肉训练：如果你的大腿肌肉强壮，每天做下蹲，可以让你产生巨大的变化。有力的肌肉使你保持独立性。

●退休后开始第二份职业：你可以通过回馈社区、增强团体力量、从事第二职业、投入网络世界或寻找一项爱好来感受到与团体成员之间的沟通与交流。

●健康的饮食：进食在我们的年龄增长中应该是一种持续的快乐。我们需要营养丰富的饮食，食用有机食品，遵从营养学上的“十诫”，保持口腔卫生。

●减轻压力：压力是疾病的重要因素之一，它在几乎每一个重大的疾病——从糖尿病到性功能缺失上都扮演着重要的角色。通过一些放松的体育锻炼、发笑等方式，你可以减轻和排除压力，从而获得长寿。

2. 给自己的心灵一个仪式

奥普拉·温弗瑞曾经说："人生就像一次旅行。"对每个女人来说，在这趟生命之旅中，最重要的任务和收获莫过于心灵的成长。然而，对于这个成长的过程，我们往往是懵懂无知的，这个时候，需要一种仪式——心灵上的仪式，来提醒我们、引导我们进行这样的转变。

成人仪式：心灵的独立仪式

成人礼是我们最为熟悉的仪式之一，它在我们的生活中起着重要的作用。千百年来，在不同的国家和民族，成人仪式都被看作是心灵成长的重要阶段。非洲某些部落的女孩子到了一定的年龄，就要被带到森林里，关在一间男子不得入内的"圣屋"里，斋戒3天，并由妇女开导让她们对即将开始的成年生活做好准备。爱斯基摩少女以驯一头鹿独自跨越冰原来向族人宣告："我已不再是小孩，我能独立闯荡冰原了。"纳米比亚的霍腾托族的女子在成人仪式之前一直是赤身裸体的，为参加仪式才披一张兽皮，坐在家门口确定的位置，待父母宰一头母牛以表示祝愿……

对于男孩子来说，成人仪式常常象征着要作为一个独立的社会个体开始承担责任，而对于女孩子来说，成人仪式则具有更为重要的意义。中国的成人礼有数千年历史，但近半个世纪则很少举行，传统的中国文化也并不重视女孩子的成人仪式。

其实，女人的一生更需要各种仪式，来提醒自己已经进入了人生新的阶段。

30岁的美伦没有结婚，和自己的父母住在一起。尽管中国人常说“三十而立”，但是美伦并没有这样的感觉。和父母住在一起有很多好处，比如可以饭来张口、衣来伸手，唯一不好的就是父母经常在她耳边念叨她的终身大事。在父母的安排下，美伦也见过不少相亲对象，都是无疾而终，唯一有点儿感觉的，对方还没有看上美伦，理由是，她“还像个小孩子”。

对于女性来说，一个成人仪式可以提醒你：从现在开始，你应该面对自己的人生了。这个仪式不需要有宏大的场面，它可能是自己抽屉上的一道锁，可能是一个“请父母进房之前先敲门”的要求，可能是一个“想要搬出去自己住”的行动……我们的社会文化总是倾向于给女孩子过度的保护，像美伦一样，拥有30岁的身体，却没有30岁的独立心灵，她依然是父母翅膀下的小女孩。可以想象，即使美伦在父母的安排下结了婚，拥有了家庭，她的生活也会麻烦不断，因为她从未在意识层面上明白自己已经长大了，而父母不可能帮助她解决所有的人生问题。美伦需要一个仪式来让自己明白，她早已经到了该挣脱父母怀抱、拥有自己人生的时刻了。

告别仪式：挥别过去，让心灵继续成长

秦薇的姥姥去世的时候，她正在外地参加公司一个重要的培训，姥姥去世得很突然，事前没有一点儿预兆，因为这次培训事关秦薇在公司的前途，所以家人并没有告诉她这个消息。当秦薇

结束培训回到家的时候，看到的只有灰色的遗像和坟头的新草。在看到姥姥遗像的瞬间，秦薇就崩溃了。

秦薇从小就是由姥姥带大的，对姥姥的感情比对自己父母的感情还深。在这件事情之后，她陷入了深深的悲痛和自责中，并对没有通知她姥姥去世消息的父母满怀怨恨。家人以为她的这种情绪很快就会过去，没想到，半年之后，秦薇依然沉浸在抑郁情绪之中，和父母的敌对关系仍然没有改变。

无奈之下，家人帮秦薇联系了心理咨询师。在咨询室里，咨询师让秦薇想象自己的姥姥坐在面前的空椅子上。面对这把空荡荡的椅子，秦薇的情感喷涌而出，她整整哭了一个小时，对姥姥的思念、自己的内疚、对姥姥离开而父母没有告诉自己的埋怨，都在这一个小时中宣泄了出来。几次治疗之后，秦薇的抑郁状态明显有了好转。

很多时候，我们都需要一个仪式来纪念我们生命中最重要的那些改变，比如与恋人分手，亲人离世等等，我们需要在这个告别仪式中完成新老交替：脱离过去，迈入未来。如果缺少了这个告别仪式，我们很容易陷入过去的影像中，不肯面对现实。对秦薇来说，没有与姥姥告别，成为她抑郁情绪的来源，咨询室里的那一个小时，实际上完成了她和姥姥之间所欠缺的那个告别仪式，是秦薇走出丧失亲人之痛、面对现实的第一步。

心灵的成长必然伴随着一次次的告别，仪式像是一道门，门外是我们的未来，门里是我们的过去。一个能够获得好命运的女人，必然要在一次次的告别中实现蜕变，获得心灵的成长。面对至亲的离去，你可以采用传统的方式举行告别的葬礼，也可以拥有自己独特的告别“仪式”：去最心爱的湖边独处一个小时，去教

堂聆听自己内心的声音，和清澈的星空对话……怎么样举行仪式并不重要，重要的是要和那些过去在我们的生活中占据重要位置的人和物说再见，告诉他们：“过去有你在，我的生活很美好，如今你离开了，我接受你的离开，我要继续寻找生活中美好的事物，但我不会忘记你，因为你曾经是我生命中最美好的一部分，永远都不会改变。”

每个女人的生命中都要有告别的仪式，它给我们的心灵提一个醒，提醒我们挥别过去，也让我们迈入未来。

3. 恐惧情绪是心灵的警钟

在人类所有的基本情绪里，恐惧是最神秘的，也是能量最强大的。恐惧是每个女人生命中的一部分，它以不同的面貌伴随着我们，从出生到死亡。

从远古开始，人类就不断尝试，借用巫术、宗教、科学来思索如何克服、减缓、战胜或是约束恐惧，于是，与恐惧作战的方法在不断地推陈出新。但是，原有的恐惧似乎被战胜了，比如雷鸣电闪已经不再使我们感到战栗害怕，新的恐惧又产生了，我们恐惧未知的病毒，恐惧新型的绝症，恐惧寂寞和莫名的焦虑……

不管我们是否承认，无忧无惧愉快地过一生是所有女人曾经做过的美梦，但人生在世就没有办法不忧不惧，我们只能在各种“战胜恐惧”“超越恐惧”的口号指引下，努力增强和恐惧抗衡的力量：知识、金钱、勇气、信任、希望、信仰、爱……当然，我们只有克服恐惧才会有进步的可能，才会有拥有好命运的可能。但是我们往往忽视了，恐惧和我们基本的情绪一样，也有它独特的价值，我们越恐惧一件事情，它背后传递的信息就可能越重要，可能正是因为我们没能静下心来聆听恐惧背后的声音，我们才与自己所期望的好命运存在距离。

德国心理学家弗里兹·李曼曾经谈道："恐惧的形态千变万化，每个人都有自己所恐惧的东西，我把它称作是'恐惧的原型'。"按照弗里兹·李曼的理论，我们每个人因为天生的遗传、童年的环境、父母和老师的教养不同，会发展出独特的"恐惧的原型"，一个人所恐惧的东西可能在另一个人眼中却是向往的，跟随心里最真切的声音，聆听恐惧所带来的改变的信号，迎来有质量的生活，绝不是难事。

当看到自己女儿的第一眼时，孙晓感觉到的不是喜悦，而是崩溃。从怀孕一直到孩子出生，孙晓一直都感觉糊里糊涂的，当初发觉自己意外有了孩子，她本能地感觉到了一种恐惧，但是这种恐惧随后被家人的兴奋和旁人的祝福所淹没。的确，快40岁的女人了，事业稳定、家庭和谐、夫妻俩身体健康，还有比这更适合的生育时间吗？于是孙晓很快忽视了那种恐惧的情绪，喜气洋洋地开始了怀胎十月的历程，幻想着孩子的性别和孩子出生后的幸福的生活，直到女儿呱呱落地的那一刻，美梦被全部打破。

荣升为母亲的孙晓觉得一切都不对，面对哇哇大哭的女儿，她感到前所未有的恐慌。自此后的半年里，孙晓一直挣扎在产后抑郁的情绪中，直到女儿一岁多时，她才逐渐从负面的情绪里走出来，但是已经错过了一段和女儿相处的重要时光。直到那时，

孙晓才发现，最初的恐惧是在提醒自己，其实她还没有准备好面对女儿。

很多女性的恐惧都和关系相关，尤其是亲密关系：和父母的关系，和爱人的关系，和子女的关系等等，夸张一点儿说，女人其实都是关系的动物，关系的重要性有时超出我们的想象。比如孙晓结婚已经10年，身边成家的朋友都一一生了孩子，但孙晓却始终没有生孩子的欲望，甚至一想到有一个自己的孩子，就会有本能的恐惧，这种恐惧的情绪其实上是在提醒孙晓，她的亲密关系存在一些问题。实际上，孙晓在一出生的时候，父母就离婚了，父亲从此之后杳无音信，母亲在此后的几十年里和不同的男人保持着复杂的关系。这样的童年是一种致命的伤害，它导致的最直接的后果就是，孙晓面对越亲密的关系，就越会感觉到恐慌。尽管结了婚，但因为自己和丈夫都在为各自的事业打拼，聚少离多，这种感觉还不是十分明显。但当一个完全依赖自己、毫无独立能力的小生命到来的时候，孙晓被丢进了一个她完全无能为力的关系中：她不知道怎么处理和孩子的亲密关系！她所能做的，就是抑郁、躲开。在孩子出生后的一年里，她几乎对自己的孩子重复了自己童年被抛弃的关系，这一切，都源于孙晓没有重视内心的恐惧情绪带给自己的警告！

富兰克林·罗斯福曾经对恐惧做过一个精辟的概括：“我们唯一需要恐惧的，就是恐惧本身。”恐惧本身就在向我们传递信息，如果我们能够在它出现的时候静下心来，聆听它背后所隐藏的信息，我们就真的离好命运不远了。

4. 抱怨不是真正的聊天

“真讨厌，今天又堵车了，能不能每天不这么烦人。”也许当你早上到公司的时候也会这样和同事抱怨，然后你会发现自己一整天都在对这件事情耿耿于怀。现实中存在不少这样的人，他们把抱怨当成是聊天的一个内容，而不会寻找其他的话题。即使没有特别的事情发生，人们可以抱怨的事情也是五花八门的：天气、交通状况、商场里拥挤的人群、银行里的长队、变老的事实、待遇太少、疾病的困扰、子女的问题等等。

大多数人都会觉得抱怨是很好的发泄手段，可以在受到挫折或面临困难的时候放松自己的心情，然而却忽略这种情绪对自己的严重影响。

爱抱怨者可能很难意识到：很多抱怨都是他们自己一手造成的。你的工作没做好，上司自然会找你麻烦；你不注意减肥，当然没有适合你的衣服；你不看天气预报，被雨淋了又能怪谁？所以当你试图抱怨的时候，不妨先从自己身上找找原因。否则，一旦你养成了抱怨的习惯，就会把自己的问题隐瞒起来，结果成为问题重重的员工，上司只能痛下决心将你抛弃……你会失去你那些本来喜欢你的朋友，因为你的抱怨让他们感到心烦；你的家人会感到失望，因为你让他们跟着你遭受了太多的不愉快。这会形成恶性循环，你的抱怨更加严重，你的心境会变得更加糟糕！

如果一个人把抱怨当成习惯，就会失去与别人交流的能力。

你有没有这种经历？在你心情很好的时候碰到一个人，这个家伙上来就说天气有多么糟糕，他的生活多么黯然无光，这个时候，你的大脑会随着他的语言思考，结果，你脑中的画面是一幅幅不愉快的景象，你的心情也会因此而变得莫名压抑。下一次你会尽量避开与这个人交流。

玉茹今年快40岁了。研究生毕业后，就顺利考取公务员资格，转眼间在这个单位已经服务了十多年，但是每次升迁的机会总是跟她擦身而过。这些她都还能够忍受，最令她感到难过的是单位里的人似乎有意无意地孤立她。

在跟心理师咨询沟通的初期，玉茹认为自己人际关系不好的原因有两个，一是自己比身边多数人来得聪明些，因此容易遭妒；二是自己“有话就说”的个性太容易得罪人。

单位里面原本还有些人跟她交情不错，会找她聊聊天或放假时约她一起逛街。但是一段时间后，这些人也逐渐远离玉茹，因为他们发现自己好像变成了玉茹的“情绪保险箱”，每次谈话的主题都会被玉茹引导为对某一位同事的不满与批评。

更令对方感到压力沉重的是，玉茹总在抱怨完毕之后，以双方“友谊”为筹码，要求对方不得向任何人透露当天谈话的内容。但是几乎毫无例外，每隔一段时间，办公室里总会传出玉茹控诉某位同仁背叛她的声音。

可想而知，玉茹在办公室里的“友谊”愈来愈淡薄，她总是盼望赶快有新的同事来报到，衷心期待或许有一天，自己终于能够遇到一个值得信任的朋友……

普通人都有共同的毛病：肚子里搁不住抱怨，有一点点喜怒哀乐之事，就总想找个人谈谈；更有甚者，不分时间、对象、场合，见什么人都把抱怨往外掏。从而使自己的心情也很差。女人要爱自己，那么就应该从抱怨中解脱出来，每天给自己一份好心情。

王楠是个很喜欢抱怨的女人，在办公室里随时都可以听到她的抱怨。和她相处久了，都会发现她做事急躁，遇到困难的事情只会逃避。

一次，王楠在公司抱怨自己工作累，而且工资不高的时候，恰好部门经理过来，于是就把王楠叫到了办公室。经理看着有点不知所措的王楠，慢慢说道："这里的工作就那么让你不开心吗？"

"没有。"王楠小声地说道。

"公司给你的酬劳就那么让你不满意吗？"经理似乎没有听到王楠的回答继续问道。

"经理，没有。"王楠这次真的怕了。

"既然你对这个公司的评价这么不好，你下午去财务那里把工资结了，另谋高就吧。"经理说完之后，也没有等王楠解释就离开了办公室。而王楠也不得不领了工资，离开了这家公司。

心理学家说，人若有抱怨，应该说出来，才不会在内心郁积，憋出病来。这个说法基本上是没错的，但要说可以，不能"随便"说。生活中，哀伤、郁闷、不满是每个女人都会有的情绪。如果女人一味地去抱怨那些让人烦恼的事情，那么女人永远都不会有一个积极的心态去对待生活。抱怨的事情越多，就会觉得痛苦的事情越多，从而对生活失去希望。抱怨就像乌云一样，女人一直沉浸在其中，只会沉沦在痛苦的沼泽中不能自拔。

5. 挫折难免有，既不可悲也不可怕

挫折难免有，既不可悲也不可怕。可悲、可怕的是在挫折面前不及时总结经验教训，或者被挫折吓破了胆，打退堂鼓，“一朝被蛇咬，十年怕井绳”；或者麻木不仁，不当回事，依然故我。还有一种情况是固执己见，强调客观，怨天尤人。这几种态度都不能从挫折中吸取应有的经验教训，以后必定会一而再，再而三地犯同样的错误，在同样的问题上反复失败。这样，如果不认真转变态度，根本谈不上反败为胜，而只能是一个失败接着一个失败，一次挫折跟着一次挫折。

哲学家罗素说过：“遇到不幸的威胁时，认真而仔细地考虑一下，最糟糕的情况可能是什么？正视这种不幸，找到充分的理由使自己相信，这并不是那么可怕的灾难。这种理由总是存在的。因为在最坏的情况下，在个人身上发生的一切绝不会重要到影响世界的程度。”

所以，当我们遇到挫折时，要坚持面对最坏的可能性，怀着真诚的信心对自己说：“不管怎样，这没有太大的关系。”然后理智地评估形势，选择下一步的做法，这样，你就能在挫折中得到最好的结果。

李华军人家庭出身，她不是军人却胜似军人，过往的一切稚嫩、挫折、困境以及无奈，在李华身上似乎已成了过眼烟云，洗礼后留下的是一个理性的企业家，一个拥有精彩生命的女子，且

将精彩延续下去的女子。

作为最具影响力的女企业家之一，李华的成功自有她的特别之处。一个外形柔美的女性，经营着一个在信息技术、生物与健康和房地产三大领域进行投资与经营的大型民营高科技企业。李华始终坚持说，她只是一个普通的女人，如果说自己有什么区别于常人的话，那就是她更努力、更执着、更积极，她始终在以积极的心态面对着每一个挑战。

见过李华的人一定都会惊讶：这位年轻、美丽，脸上带着一股学生气的女士，竟会拥有如此令人羡慕的财富：自己的大厦、多家分公司，以及上亿美元的净资产……不得不说这是挫折造就的光明之路。

三十多年前，李华考进了某知名大学，就读于国际政治系。在大学里，李华是个活跃分子。在该大学举行的第一届大学生演讲大赛中，李华还获得了第一名。当时20岁的李华还当上了学生会文化部的副部长。那时，她的梦想是当一名出色的外交官，一名女大使。

但是，在大三的时候，李华却被告知，她的学籍被注销了，原因是3年前李华曾考上了另一所大学，但她没有去报到，第二年又考上了现在的大学。按当时的规定，有学不上的考生必须停考一年。这件事对李华打击挺大的，同学们都对她说："你去散散心吧。"他们怕她想不通会做傻事。

李华暗暗对自己说："一定要坚强，一定要坚定，一定要比别的同学读更多的书。"

后来，同学们毕业了，很多人被分到国家机关当干部，让李华很是羡慕。她自己也完成了学业，却没有文凭，只得到一纸说明，大意是说她被注销了学籍，但坚持上课，成绩合格，学校不

管她的分配。在李华的毕业纪念册上，同学们给她留下这样一句赠语："与众不同的经历，造就与众不同的道路。"

工作没有着落，李华一离开校门就开始到处找工作，并尝试着自己创业。她鼓励自己说：没有工作也许会更有前途，因为自己面对的机会更多。

除了创业的艰辛，李华同样有着不为常人所知的甚至难以置信的挫折。"面对这些，我只能逼着自己熬过去。其实我是个普普通通、会退缩会懦弱的人，可是当这些事摆在面前的时候，怕也没用，只有坚持……"失败在李华眼里只是一个人生必经的坎儿。抱着这样的想法，她成功了。

许多人面对挫折时总是悲观失望，萎靡不振，对自己的前程心灰意冷，失去了向上的信心。其实，他们不知道，挫折对于人生来说是一个良好的开端。

"风筝与强风对抗，方能升向高峰。"这是李华贴在她办公桌上的一句自己的"名言"。

一开始就要认清这一点：要成功并不容易。想要获得成功的人得像风筝，与强风对抗，方能升向高峰。基于成功的信念，便能坚定向前，无惧于沿途所遭逢的困难。

确定你的信念能支持你，在迈向成功的旅程中，忍受一切艰难险阻。当你确知自己在做什么，当你有个明确的目标和实施计划，那么，你或许得与周遭的狂风搏斗，却不至于有被吹垮的顾虑。风势愈强，你会飞得愈高。

一位哲人说：并非每一次不幸都是灾难，逆境有时候也是一种幸运。

挫折是一个人的炼金石。面对挫折，跌倒了站起来便能成就更好的自己；硬是在地上赖着，自怨自怜悲叹不已的人，注定只能继续哭泣。

挫折是人生的原色。人类的成长通常是由许多的挫折组成的，就如某口香糖广告说：“幻灭是成长的开始。”

奥斯特洛夫斯基说得好：“人的生命似洪水在奔腾，不遇到岛屿和暗礁，难以激起美丽的浪花。”

闲云有时会遮住太阳，但是总有一天会拨云见日。不管你愿不愿意，人生都是没有直达的坦途的，挫折就像影子一样，总是伴随着你。有位哲人说：没有磨难的人生是空白的人生。没有倒下就没有跃起，没有失败就难言成功，也不可能具备百折不挠的坚韧。大凡成功的女人都有着一种承受生活变故的能力，她们性格上更加坚强不屈，意志更加坚定，更有韧性。

6. “制作”一个美丽的面部表情

有人曾问古希腊大演讲家德摩斯梯尼，演讲家最重要的才能是什么。他回答：“表情。”又问：“其次呢？”“表情。”“再次呢？”“表情。”

演讲家嘴里说的表情就是心理学上的表情语，它是一种通过面部表情来表达情感、传递信息的体态语言，眉开眼笑、怒目而视、愁眉苦脸、面红耳赤、泪流满面等都是比较典型的面部表情。

表情语，也叫面部表情，是人类的基本沟通方式，也是情绪表达的基本方式，更是个人情感的“晴雨表”。一个人内心世界所有的复杂活动，都可以通过面部表情的变化表现出来，而且比嘴里讲的语言复杂千百倍，表达的意思也更丰富、更深刻。通过观察和了解一个人的面部表情，可以测量他的情感，甚至人生态度、人格和价值观。

面部表情可以清楚地表明一个人的情绪，而且这种表现往往是非随意的、自发的，但也是可以控制的。女人在人际交往的过程中，完全可以有意识地控制自己的面部表情，以加强沟通效果。

英子在一家网络公司负责售后服务。这天早上她出门之前和婆婆大吵了一架，结果没有赶上公交车，迟到了十几分钟，被公司扣了20块钱，她因此愤愤不平，直到上岗的时候还是气鼓鼓的。

很不巧，刚刚过了半个小时，就来了一位先生向英子投诉，说用了他们公司的2兆的宽带，网速仍然慢得要命，开始的时候，英子试图耐心地跟他解释，可对方根本就不听。面对蛮不讲理的客户，英子的火气也大了，她眉毛怒气冲冲地向上挑着，嘴角向下咧着，嘴唇也有些轻微的颤抖，再过一秒钟就有破口大骂的可能。

恰巧这时候客服主管看到了这一幕，赶忙过来“劝架”。好不容易才平息了这场干戈。客服主管把客户请进了办公室，面带微笑地问：“先生，您能把您的具体问题跟我说一下吗？我一定尽力帮您解决。”

那位先生的脾气稍微小了些，说：“以前我就是用你们的宽带，1.5兆的，感觉上网、下载东西都挺快的。后来有一次我来交网费，看你们2兆的比1.5兆每个月才多交10块钱，网速还能快不少，我就换了2兆的。可换了之后，网速一点都没有快!”

客服主管很关切地说："真的啊。我想一定是有些地方出了问题。您先别着急，我马上让我们的技术人员去您那里检查一下。"

"还有你们那个客服，什么态度啊！干脆辞掉她！"还没等客服主管说完，客户又紧接着说道。

客服主管抿着嘴角，一脸的严肃，用力地点点头说："你说得很对，我对我们的员工有如此的表现十分抱歉，在此我代她向您表示郑重的歉意。另外，我一定会批评她的，并且根据公司的相关规定对她进行处罚。以后还请您多多监督我们的服务，随时向我们提出意见和建议。"客户一边点着头，一边说一定会的。然后，客服主管就陪着客户，带上一名技术人员出发了。

故事里的英子一副"斗鸡"式怒冲冲的表情，谁见了都会心情郁闷，更何况是应该被视为"上帝"的客户呢？相比之下，客服主管一脸关切和严肃的表情，尽管未必真心，但无疑这种对面部表情的人为控制，会让客户觉得你是真诚地把他当成"上帝"，认同他的观点，接受他的意见；客户并非得理不饶人，面对你诚恳的态度，纵然心如钢铁，也会化成绕指柔。

美国心理学家艾伯特·梅拉比安在一系列研究的基础上得出了一个公式：信息的总效果=7%的言辞+38%的语调+55%的面部表情。由此可见，面部表情在信息传达中起着多么重要的作用。在和客户交谈的时候，如果不注意表情上的配合，很难得到客户真正的认同。

既然面部表情比言语更能明显地表达心理动态，聪明的女人大可以"制作"一些表情。因为在现实社会，面部表情已经不再是一个单纯的内心符号了，已经升级成为一种交际手段。

这种出于文明礼仪需要的“表情面具”，能够起到愉悦对方的作用。

正如心理学家所说的，每个人都非常渴望引起他人的注意或认同，没有人喜欢总是跟自己对着干的“杠头”。人们常说：“出门看天气，进门观脸色。”为了使自己的面部表情真正起到传情达意的效果，必须做到情绪饱满、精神振奋、态度和蔼、感情热忱。

比如说，当客户提出一个问题后，你可以轻轻皱眉，以示思索；当客户提出了一个观点的时候，你应该轻轻点头，面带微笑，表示赞同和尊重。

其次，要想用脸“说话”，就必须做到端庄中见微笑、严肃中有柔和，千万不要在客户面前板着面孔、拉长脸。否则，很难给客户一种自然、明朗的感觉，那么你的这种情绪自然也会影响客户的情绪和心境，甚至是对你的态度。

另外，为了配合你的表情，你应该勇敢地开口。毕竟仅有认同别人的态度是不够的，你必须让对方清清楚楚地知道你的态度。你应该勇敢地直视着对方的眼睛说：“您说得很有道理。”“我理解您的心情。”“我明白您的意思。”“我认同您的观点。”“非常感谢您的建议。”“您的问题问得很好。”“我知道您这样做是为我们好。”永远不要陷入争论的陷阱，因为和客户争论，不管过程怎样，结果都是自己输。

7. 不用“生气”考验爱

恋爱时，一切都是甜蜜的，不过却总有一个场景是我们经常能看到的：男人在约会时迟到了几分钟，女人生气了，头也不回地离开了约会地点，于是解释、道歉便成了男人此时的“法宝”。在经过一番甜言蜜语似的“赔罪”后，女人原谅了男人，约会得以继续下去。

其实，并不是女人有意为难对方，而是女人善于用这样的方法去经营她们的感情。在恋爱这个特殊的背景下，这些特点充分表现出来了。

恋爱时，男性通常扮演的角色是追求者，他们期待追求成功后的喜悦。所以在追求心目中的“她”时，越是渴望得到对方的爱，越是容易紧张不安，于是就会比任何时候都要显得温柔和体贴。此时，男性的心理特点就趋于女性化，比较懂得理解和包容对方。

而女性在恋爱中则选择有意无意地给男朋友设置一些所谓的障碍，比如约会不能迟到，必须记得她的生日和她喜欢的食品等，甚至还希望能在情人节时会有惊喜，其目的就是想知道男朋友是否能迁就自己，更多时候干脆就直接耍耍小性子考验他们。

小王和小张是在工作中认识的，两人同在一家公司上班，双方互有好感，但交往以后，在小王眼里小张的表现与以前简直判若两人，之前他眼中作为同事的小张做事有条不紊、遇事冷静，

是一个标准的职场女性，可是当两人正式开始交往以后，成为女友后的小张动不动就向他发火，有时仅仅因为一点莫名其妙的理由就生气。

比如，一次去吃饭，当小王问女友吃什么，女友答随便，于是他按照惯例点了女友爱吃的东西。可一会儿工夫女友的脸色就“晴转多云”了，终于火山爆发，他只好不停地赔不是，虽然他不知自己到底哪里做错了。最绝的是女友最后将这件事上升到了理论高度，说：“老吃一种东西腻不腻啊?”得出的结论居然是小王根本不关心自己的真实想法，说明小王根本不爱自己，肯定又喜欢上别的女孩子了。小王叫苦不迭，自己女朋友也太爱生气了！

两性心理专家认为，在恋爱的过程中，女性需要更多的安全感，所以希望男性能做到如她们要求的那般完美，当对方做不到的时候，女人就选择生气来表达自己的不满。约会迟到，不代表他忽略你，可能真的是因为公司临时有会议，或是路上遇到交通堵塞导致他没有办法准时出现在约会地点；生日时没有给你想要的鲜花或是礼物，也不代表他心里没有你，也许他有更好的安排……

一个真正有自信的女人，大可不必通过这些“障碍”来考验男人对自己的真心，更不要动不动就生气。男人常说，爱生气的女人是不美丽的，但不生气的女人又有几个呢？心理学家也说过女人生气是因为心理上呈现男性化特点，同时她们想通过这一过程了解对方是不是真的在乎自己。

然而，一次又一次的考验只会破坏你们之间的信任.因为在考验中会出现争吵、冷战、误解、猜疑，这样下去，再好的感情也会“毁”在自己的手上。

我们都知道当怒气升起时，常常会口不择言，尤其是对自己最亲近的人，那些气话最终都变成匕首，刺伤了那个你最深爱的人，也刺伤了自己。

王若冰和李军是自由恋爱结婚的，在别人眼里，他们是既般配又恩爱的一对，婚后，王若冰还像婚前一样小鸟依人，楚楚动人，温柔体贴。李军也非常喜欢王若冰这点，他总是默默地对自己说："我真是个幸福的人，娶到了若冰这样好的老婆。"

可是，好景不长，儿子出生后，王若冰就像换了一个人似的，开始对李军吆五喝六、大声斥责，不是骂他笨，就是骂他傻。总之，在她眼里，李军现在是一无是处。此时，李军再也找不到先前那个温柔老婆的影子了，取而代之的是一个满嘴脏话的泼妇，他一天天地忍受着王若冰的辱骂，心里非常压抑。

一天，王若冰让李军做早饭，王若冰则为儿子穿衣起床，忽然她闻到厨房飘来焦煳的味道，她知道李军又把早饭做糊了，她一下子火冒三丈，冲进厨房就是对李军一顿痛骂，说他怎么这么笨，什么都做不好。李军想到先前的一切不快，再也忍受不了这个泼妇，一时失去理智，把王若冰痛打了一顿。

王若冰一气之下跑回娘家，要和李军离婚，李军也在气头上，没有过去低头认错，也没有听人劝和。王若冰原本只是赌气，这下更下不了台了，结果两个人谁都不肯先低头，最终离了婚。

离婚之后，王若冰非常想念李军，其实在她心里也还装着丈夫，可嘴上就是不愿意承认。孤独的晚上，想起丈夫曾经的好，王若冰后悔得眼泪直流。

一时冲动的气话让一个家庭解体了，试想一下，如果当时王若冰学会控制自己的情绪，不为一点小事就对老公斥责，或者在生气后不去赌气，学会低头，两个人的婚姻最终也不会走到不可挽回的地步。

要记住，爱与恨是成反比的方程式，怨恨增添一分，恩爱便递减一分。

有人曾这样说：夫妻吵架是“角度”问题，而不是“是非”问题。婚姻生活中，吵架在所难免，但是，为了一次次吵架而生气，只能让夫妻的怨恨指数增高，解决不了任何问题。夫妻两个将生活置于口角风暴中，只会让矛盾愈演愈烈。

少说一句，或者委婉一点，只要双方有一个人能够理解对方，在对方情绪低落时，给对方一个微笑，幸福就会回归。

聪明的女人绝不会用生气来解决问题，她们知道采用一些迂回的手段让男人心服口服。对男人“河东狮吼”，只会让你们的爱情破裂，而只有用平和的态度对待他，才更能让你们的感情持久而且得到升华。

第五章

心无赘物，宁可笑着放弃也不哭着占有

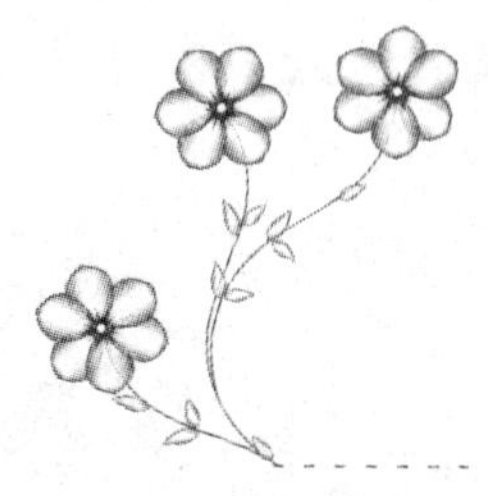

女人养活自己很容易，但要想养活自己的欲望就会很困难，我们之所以常常感到不快乐，只是因为自己的欲望在不断膨胀。

1. 不快乐，是因为欲望在不断膨胀

我们总是将快乐简单地定义为欲望的满足，认为只有自己得到了自己想要的东西，只要自己完成了心愿，就可以获得幸福，而欲望的满足常常又定义在荣华富贵这些浮世的繁华之上。一个女人养活自己很容易，但要想养活自己的欲望就会很困难。

还记得莫泊桑的小说《项链》里的女主人公玛蒂尔德吗？她住着寒碜的房子，却梦想着幽静的厅堂；她吃着“好香的肉汤”，却梦想着名贵的佳肴；她有罗瓦塞尔的呵护，却梦想着最亲密的男友……现实和梦想的落差很大，可谓“心比天高，命比纸薄”。有人说幸福是以梦想作分母以现实作分子的分数。这样看来，玛蒂尔德作分母的欲望数值太大，所以幸福值是很低的。因此她整天生活在痛苦之中，但显然这痛苦是她自找的，可谓木匠作枷——自作自受。

玛蒂尔德为了参加舞会而向有钱的女朋友借来“钻石”项链，从而在舞会上大出风头，让自己膨胀的虚荣心得到了最大限度的满足，但乐极生悲，项链的丢失使她不得不用10年的节衣缩食和艰辛努力来偿还债务。于是她辞退了女仆，迁移了住所，生活由温饱型变成贫困型，她本人也由夫人变成了平民妇女。等她还清所有债务后，才得知所丢的项链是假的：她为一串才值5法郎的假项链付出了10年的艰辛，消磨了10年的青春年华。

试想，如果当年参加那个舞会，玛蒂尔德听她丈夫的话，简单戴上几朵花，或者干脆什么都不戴，简简单单地去享受那份愉快，那么之后的人生肯定是大不同的。强烈的虚荣心毁掉了她的一生。

纷繁的都市生活，让女人们越来越追逐时尚，而名牌往往是时尚的领头羊。女人都沉迷于购买大牌包、高档服装、名牌化妆品、高端手机、名品相机等，这些都是女人们无法抗拒的诱惑。

而拥有了这些的女人们，拥有真正的幸福了吗？也许她们不过是物质的奴隶。

华丽的服饰是可以装点女人的，使美丽的女人锦上添花，使普通的女人增加光彩。而服饰终是外在的东西，只能起到装饰作用，只能做女人的配角。

中国的禅宗有一种大智慧，认为人的物欲把人引向了歧途，使人变成了苦役犯。因而它主张去除欲望，体味真的生活。禅诗云：“春有百花秋望月，夏有凉风冬听雪，心中若无烦恼事，便是人间好时节。”这意思是不为物欲所累便能获得幸福。中国世俗圣贤中也不乏这类觉悟。当年孔子夸奖他的学生颜回，说“一箪食，一瓢饮，在陋巷，人不堪其忧，回也不改其乐”，这是说人生本来的喜悦绝不是贫困所能剥夺的。

两个僧人从山间走过，看到一位隐士正在耕田，僧人说：“我们特地来拜访您，因为您是一个有大智慧的人。我们都知道，您曾是宰相，在最鼎盛的时候自愿离开朝廷，在这里隐居。我们想知道，是什么让您愿意过这么简朴的生活？”

隐士说：“家财万贯，一日不过三餐；广厦万间，夜眠不过三尺。我有什么放不下的？如今我每日怡情养性，著书立说，过的是最逍遥的日子。”僧人听了不禁感叹：“这是智者才说得出的话啊。”

隐士认为他简朴的生活逍遥快活，就像当下流行的极简生活：人生只需吃能够解决温饱的饭，无须山珍海味，无须满汉全席；人生只需住可以容身的房子，无须雕梁画栋，无须广厦千尺；人生只需要穿可遮蔽身体的衣服，无须锦衣华贵，无须珠饰环佩。这样的生活对于多数人而言未必会很精彩，但是一定也能够从中找到最单纯的幸福。

我们常常昂首去寻找天际的风，却不知风正在指尖缠绕流走，正在周身游弋飘荡。其实，只要心无赘物，那么人生就不会被外界的繁华世界所束缚；只要心境淡薄，那么自在逍遥就会无处不在。

2. 女人永远缺少一件衣服

西方有一句名言“女人永远缺少一件衣服”，意思是说，女性对于服装的渴望是无穷无尽的。无论她有多少套衣服，还是觉得需要买衣服。但实际上，现代女性有几个人不是衣橱满满、什么都有呢？

但是，我们都有同样的经历，没事逛逛街，回来就带回一大堆的衣服。其实也许只是看中了其中的一件，哪怕是小披肩。买了披肩，想着拿什么配它，然后买了搭配的裙子或者衣服，就想着搭配的打底裤或者裤袜，然后又想着配打底裤或者裤袜的鞋子，买完鞋子又想着买什么包搭配。

好像一根导火索，这件“小披肩”引发了一连串恶性的购物反应。

可能只是有心无意的一次交易，但其实你的衣橱里已经随着经年累月的积累不堪重荷。

你衣橱里也许有件很久没有穿出来的吊带裙，总是找不到一个合适的“伴侣”。等你某天想起来了，却发觉，原来只是一个购买的动作，只是为了满足那时那地的消费欲和占有欲，仅此而已，适用性的问题已经被你不理智的头脑抛到九霄云外。可是你有没有发现，它存在着，从你在卖家手里拿回来的那一天起，就一直存在于你的衣橱里，永远占用着你衣橱里有限的空间，而衣橱也已经不够放了吗？

你会想：没关系，不是有压缩包压缩气泵吗？压一压再买。

就这样，一边是越来越满的衣柜，一边是压抑不住的购买欲望。不论衣服再多，买的行为永远在继续。

夜颜是个购物狂，每个月挣来的工资差不多都用来买衣服了，衣柜的衣服多得放不下，而每天还和朋友抱怨，这件衣服不合适，那件衣服不大方等等。

“可可，你和我去逛街吧，我没有衣服穿了。”夜颜可怜兮兮地对好友可可说。

“不去。大姐，拜托，我们刚刚上个星期才去买过衣服好不好？”

“可是，我没有衣服穿，怎么办啊？”

“还没有衣服穿，你看你的衣服多到衣柜都放不下了。无语，不去。”可可直接拒绝道。

当你要出门的时候总是觉得衣橱里缺少一件衣服，就是自己最心仪、现在穿上最合适的那件，纵使不断花钱“血拼”把衣橱塞得满满的，也无法改变这种状况。“缺少一件”，并不是一个绝对的概念，其关键在于，面对一堆衣服的选择困难，以及对物质的不懈追求。

女人对于衣服的需求总是欲求不满的！每天早上醒来，打开衣橱，永远觉得没有衣服穿，没有鞋子配，翻拣着衣柜，不停地在镜子前比画，却总是找不出合适的衣服。看着满橱的衣物，再看看镜子中年轻的腰身，女人们总不住地喟叹：难怪有人说女人的衣柜里总缺少一件衣服。难道真的是缺少一件衣服吗？其实真正缺少的恐怕不是一件衣服，而是女人心灵中的满足感，人都是不易满足的，现实生活中我们虽然一直在获得新的事物，但当我们在获得后又会对另外一些事物产生欲望……

的确如此，不管女人已经买来多少件衣服，但是出门或者换季的时候，总觉得少了一件最合适、最美丽的衣服。衣服之于女人，应该是生命中永远的诱惑。女人向往美好的东西，然后把曾经认为好的衣服都收集在衣橱里，恋恋不舍地积累下来，满了，也不舍得丢弃。

潮流时尚变幻莫测，而且随着四季变换，新款衣服更是层出不穷，对大部分女性来说，她们都拥有疯狂的购买欲，如果不买几件过过瘾，就会觉得心里空荡荡的。不知不觉之中，衣橱就被塞得满满当当，衣服放不下了就只好随意地扔在房间的各个角落。女人心情不好的时候买衣服，心情好的时候更会买个不停。失恋了买衣服，为的是把自己打扮得更加漂亮去迎接新恋情；加薪了买衣服，为的是好好犒劳自己多日来的辛苦；减肥了也要买衣服，为的是向别人展示减去十几斤脂肪后的苗条身段……

千万别小瞧女人的衣橱，在这个甚至不足一平方米的空间里，不仅聚敛着女人的财富，也收藏着女人光芒背后的野心、快乐、幸福甚至是泪水。走进一个美丽的家，欣赏女主人的衣橱，往往是你我心底最蠢蠢欲动的盼望。

身体的欲望是衣服，而心的欲望却是生活。与其说女人是在换季、添衣，不如说是女人想换心情、换生活，而心中的欲望和满足感得不到满足，或者欲望过多，生活自然就不会过得轻松和快乐。

果断丢弃所有难以搭配的衣物，无论它是如何“血拼”回来的，都在所不惜，因为这不仅关乎你的生活质量，还关乎你的整体审美水准，影响到你外在的气质。

当你跟往常一样有心无意地逛着街，看到一件喜欢的衣服先别急着下手，想一下衣橱里，一件一件地捋一遍，你真的缺少这一件吗？没有类似的替代品了吗？

然后你开始绕开那些夺人眼球的衣服的小细节，你恍然大悟，其实家里那一套改造一下，外套A和裙子B混搭，或者外套A跟裙子C混搭一下，这样一来，外套A就可以一下子变身为好多件“时下新款”的外套了啊。

这样一来，你的审美水准也不自觉地提升了，所谓的“宁缺毋滥”也落到了实处，你的衣橱大概也可以跟你一样松口气，再也不用承载无用的、多余的负担了。

历史上有一位哲人说过“两弊相衡取其轻，两利相权取其重”。我们不需要那么多的衣服，也不需要那么多的欲望。每个人都背负着太多责任与欲望，若将其全部丢掉，人生将会毫无意义；但不舍弃一些，我们又会不堪重负。这时，放弃就会成为一种尤其重要的智慧。

数一数你有多少件“去年一次都没有穿过的衣服”？明年或者今后都不会再穿的衣服又有多少？很多人都有这样的想法：“过一段时间或许就会再次流行了。”那些一直没穿过的高档衣服就被统统塞进了衣柜。但是，我们需要弄清楚一点，同一种类型的衣服不可能会再次流行。即使风格有些类似，当下流行的衣服在袖长、腰宽、款式等方面，也一定与之前的流行样式不同。此外，你也无法保证自己的身材在下次流行到来时不发生变化。你是不是还有一些“能穿但是感觉有些不适合”，或者“穿上后会影响自己情绪”的衣服呢？很多人在买来衣服时非常喜欢，然而由于价值不菲，便下定决心一定要把它穿到不赔本为止。然而，由于衣服的尺寸、材料、颜色、款式等方面，仍存在某些与自己不相配的地方，穿上衣服时难免会感到不踏实。这样的衣服人们自然也不愿多穿。

衣服本来是很好的东西，但是如果已经不适合自己了，那么它的价值就等于零。衣服穿在身上，必须让人感到心情舒畅，并且把人衬托得更加漂亮、有活力、有气质才行。

还有就是那些已经明显过时的衣服。如果你看到某个女人，现在还穿着带有厚垫肩的衣服、及膝的短裙这种过时的套装，会不会感到大跌眼镜呢？懂得珍惜东西确实是一种值得赞扬的行为，但衣服的款式可以传递社会的信息。如果你的穿着与当今的时代相去甚远，从很多方面来讲都会得不偿失。

即便是些还可以穿的衣服，但如果与那些起球、褪色、破损严重的衣物一样在家都不愿意穿的话，就应该酌情把它们处理掉。

整理衣柜，这样的衣服肯定首先要舍弃，腾出空间来放自己更喜欢的、每天都离不开的、真正有用的衣服。这样，不仅会让你的衣柜大大清爽，也让你的心因此而得到一次洗礼——原来有些东西真的是可以扔掉的！或许因此，你会明白，为什么有的人活在世上很洒脱，有人却觉得很累，而你自己不必叹息或是羡慕，只要学会去清理你的背囊，扔掉烦忧，储蓄快乐，你获得的将是对生活的向往，你会感叹："放弃也是一种美丽！"

3. 穿名牌不稀奇，有气质才难得

我们看重一些东西，经常是因为买它们花了很多钱，而不是因为它们带给你满足和快乐。我们用价格标签或品牌名称来鉴别某物，却忘记了关注它是否真的能让你开心。开心是直接而简单的，不需要解释。如果你发现自己过分维护一样东西，那你就知道了它其实就是杂物。

现代女性往往是名牌的忠实追随者，很多女人甚至痴迷于名牌，所以衣服、鞋子、包、首饰等都要用名牌，买回来却发现不一定适合自己。为什么大多数的女人痴迷于名牌呢？这往往是女人的虚荣心带来的，其实很多时候追求名牌没有错，但是名牌不一定真正适合自己。对于不适合自己的东西，务必全面扔掉，大胆地舍弃，不要有丝毫留恋，这样才能轻松惬意。

某外企职员月薪一万元，她这样表述自己对于名牌的追求：

我在一家外企工作，周围的同事大多很重视穿着，说白了，就是都很看重牌子。尤其是来自香港、台湾的同事，对名牌货更是青睐有加。耳濡目染，公司里买大品牌的人（以女性为主）越来越多。兰蔻的口红、SK-Ⅱ的面膜、CHANEL的香水、TIFANY的饰品、PORTS的套装、DIOR的包……公司俨然成了秀场。什么是“名牌货”？就是用买10头牛的钱，买到不用半张牛皮就可以制成的皮包。而对于小白领来说，拥有这些东西的秘诀就是省吃俭用好几个月，然后为购置一件带有奢侈标志的东西而刷光卡里的钱。有条件要买，没有条件创造条件也要买。明知道一个DIOR的包等于几个月的工资，还是要买。为什么？为面子！在一群被名牌武装起来的同事中间，如果你穿得普通，感觉很怪。现在，早已过了那个大家挤在洗手间里试穿同事新衣的年代。穿名牌不是新闻，不穿名牌才稀奇。

橱窗后面那些“高贵”的名牌，以及这些名牌所代表的精致与奢华，吸引着大部分的女人。像这些外企职员一样的女人数不胜数。

当然，每个女人爱名牌的原因都是不一样的，有的人喜欢名牌，而且酷爱一个牌子到了“非君不买”的地步，这样的人骨子里往往是非常追求完美的。仔细观察她们的生活，你会发现，她们其实活得挺累，因为她们内心容不得半点瑕疵或者遗憾。还有的人因为过分自卑而希望利用这些奢侈名品来提升自己的形象，不过往往会适得其反，让其内心的虚弱和不自信暴露无遗。自我评价低的人，无论怎么装饰自己，也很难产生“名牌效应”。还有的人为了成为“世界”的中心，她们会绞尽脑汁，千方百计地堆砌名牌，直到周遭的人全都开始关注她们的外在。说到底，其实她们的名牌是拿来喂养别人的眼睛的，至于她们自己，一旦失去表演的机会，生命就会立刻委顿下去。

名牌，对有些女人的诱惑是致命的。但是满身名牌的女人感觉就像是一杯极其浓香的下午茶，会觉得口涩难以下咽。

日本一位成功女企业家自言，家里没有一件多余的衣服，衣橱里所有的衣服都各有各的用处，代表着不同节气、不同场合，甚至不同时间段的出场需要。没有用处的，当即清理，无论是什么大牌。她说，这样的好处是，她随时随地都能知道自己第二天如何穿戴齐整地出门，不用为如何穿衣服花时间费脑筋。这真是符合那句“节省时间，就是创造财富”的箴言。

名牌也许能够为你加分，但如果没有名牌，只要把自己喜欢的日常服装合理搭配，自然大方一些，同样能够穿出迷人的味道。

人的情感总是希望有所得，以为拥有的东西越多，自己就会越快乐。所以，这一人之常情就迫使我们沿着追寻获取的路走下去。可是，有一天，我们忽然惊觉：我们一切的忧郁、无聊、困惑、无奈、不快乐，都和我们的要求有关。我们之所以不快乐，是我们渴望拥有的东西太多了，或者太执着了，不知不觉，我们已经执迷于某个事物。

在远离城市喧嚣的僻静处，有一条老街，街上有一家茶馆，里面住着一位老妇人。她经常戴着一副老花镜坐在那里织毛衣，身旁放着一个紫砂壶。老妇人并不在乎生意的好坏，她老了，挣的钱够维持生活她就很满足了。

一天，一个经营古董的商人从这里经过，无意间看到老妇人身边的紫砂壶。他一眼就看出，那个壶颇有清代制壶名家戴振公的风格，且他的作品现在仅存3件。

商人在得到老妇人的应允后，仔细地端详起那个壶。果然不出他所料，这正是戴振公的作品。他如同发现了新大陆一般，兴奋不已，当场提出要出10万元买下这个壶。老妇人先是一惊，而后拒绝了。这个壶是她丈夫留下来的传家之宝，意义非凡。

商人走了，老妇人的心却不平静了。她没想到，这个用了多年的茶壶竟然这么值钱。原来她躺在椅子上喝水，都是闭着眼睛把壶放在小桌上，可现在她总要坐起来看一看是否放稳。当周围的人知道她有一个价值连城的茶壶后，门槛都快被踏破了，甚至还有人晚上来敲她的门。一个壶，彻底搅乱了老妇人的生活。

过了一段时间，商人又来了，这一回他带着20万元现金登门。老妇人再也坐不住了。她下了决心，招来左右店铺的人和前后邻居，当众把那个紫砂壶摔了个粉碎。

拥有一个价值连城的物件，固然是幸运之事，但若这件身外之物给心灵带来负累，给生活制造了重重麻烦，真的不如不要。

因此不论衣橱里的衣服多么美丽，是多么响亮的名牌，甚至曾经如何的吸引过你，如果当下已经不适合你，那就果断地清理掉，不要犹豫，不要后悔。不要让你对名牌的迷恋遮住了你望向前方的眼睛，更不要让对过去的痴迷阻碍了你断舍离的脚步。处理掉那些不需要的，你的生活才能变得更好。

4. 学会断舍离，无论是物品还是人生

生活中难免会出现不需要的东西堆积成山的状况，好似无用的物品随意地摆放，舍弃还是保留一直在自己的心里犹豫着。选择舍去，在心里摘掉的不仅仅是一个物件那么简单，好似一种习惯，一个一直习以为常的物件从此在生活中去掉痕迹，仅仅是适应这件事情，好像也需要些时间。这种宁可凌乱也不舍弃的情况在每个人的生命中都存在着。要改变这种状况可能需要更大的勇气！俗话说，当断不断，反受其乱，人生很多时候需要勇敢地说再见！对自己周围的环境进行物品上的整理和舍弃，同时也是对心灵深处的种种进行选择，选择的结果是环境整洁了，心灵也整洁了；让空间更空旷，也让生活更清爽！

无论是“收纳”物品还是“整理”人生，除了不断贴标签和分类，除了不断地添置抽屉，其本质可能都是要去“断”，或者换句话说，叫作正确地“选择”。

本来就很狭小的空间，塞满了各种物品，生活在这种环境中的压力简直令人无法承受。杂乱的房间还很容易造成物品的“丢失”。找东西不仅浪费时间，寻找过程中的烦躁也会变成一种沉重的心理压力。想用的东西不见了，又偏偏嫌麻烦，懒得到处找，只好跑去买一件一模一样的回来。堆满杂物的房间各个角落清扫起来都很费事，于是陆陆续续买回一堆“清洁套装”。不过，这些东西也难逃被乱放后找不到的命运，又或是由于用不惯而被收了起来。于是，我们又开始另一轮“买东西”“丢东西”的循环。

就这样，家里的东西越来越多，东西多了又不懂得整理，房间必然会显得乱糟糟的。在这样的屋子里生活，身心怎么能得到放松呢？再平和、温存的人，也难免会乱发脾气吧。日子久了，整个人都会变得有气无力，所有追求新鲜事物的激情都会随之荡然无存。这样一来，人生也便失去了乐趣。

其实我们囤积东西到家里的过程是我们的心理疾病逐渐生成的过程，这并不是危言耸听。人的行为可以反映出人的心理状况，东西虽然是物质，可人对物质的态度是可以反映其精神状态的。我们是在忙碌而反复的每一天中渐渐地失了自己心灵的平衡而逐步变得有病了，所以由表及里地看清自己的问题是很有必要的。断舍离就是在引领我们由舍弃物品开始，逐层深入，在舍弃物品的过程中也将思想的包袱舍掉。

人生来一无所有，死后也一无所失。但当我们活着时，却总是希望靠抓住一些东西来改善人生，带来快乐，获取成功，得到关注。“抓住”是一种焦虑不安的表现——凭借直觉，其实你知道没有什么会带来永远的快乐，因为没有什么是永存的。你拥有的物品会破损，失去光泽，会丢失或者被偷窃。

设想一下，你在大海中溺水，想要抓着漂过身边的物体浮在水面上。你抓住了一件，但它从你手中滑落了，或者你游向某个物体，但总是抓不到它。你会想，这下完了，你要沉到海底淹死了，于是你放弃了。但是你发现自己并没有下沉，你发现自己能够不借助任何外力而浮在水面上，这种不靠外物、依靠自己的感觉非常舒服。你曾以为自己需要外物的帮助，但是你错了。当惊恐消失，焦虑不见，你会仅仅因为活着而感到由衷的快乐。

这是物质包围之外的自由。你真的不需要任何外物获得幸福，那纯粹是思想迷信。存在，就要自我承受。在生活中，我们播撒美丽，传递爱和快乐，释放兴奋和冒险激情，当你自自然然拥有了这些，才能最终享受生活，从当下开始享受生活。相反，内心的穷困会驱使你没完没了地索取，心理穷困让你想牢牢抓住物质，但永不满足。你想通过逛街消费、欢饮聚会来改变穷困，你以为这会令你满足，但结果只会感觉更糟。

请打破物品让人快乐的思想枷锁。仔细想想，你就会发现，事物本身从来不会让人快乐，或者它们只带给你几秒钟的快乐幻觉。基于内心饥饿的填充行为，只会让你对更多外物感到饥饿，我们要遏制这样的生活势头。反过来，当你想做一件事时，你也许觉得胜算渺茫，可只要你开始行动，行动本身的推动力便会催你向前，行动的力量是巨大的，当你的行动拥有强大的指向，它就会突破痛苦和绝望的惯性限制，令你在行动的过程中充实、强大，如同不借助外力而在水中游泳，你不需要外物，你自己的行动和生活感受就能充实你的内心。

不知道你有没有不再需要但却保留起来的东西？比如十年前买的套装，明明不穿，但就是不想丢掉，一直搁在那儿，形同虚设。尽管“不需要、不适合、不舒服”，却还是会留着，这就是“执着”。要想真正地掌控自己的生活，就要有断舍离的意识，就要断了“执着”，把那些“不必需、不合适、令人不舒服”的东西统统断绝、舍弃，并切断对它们的眷恋。

张燕是个整理控，只要发现某个物品很久没有使用或不再喜欢，会毫不吝惜地扔掉、捐掉。当她读到《断舍离》这本书后，发现自己践行的理念得到了系统印证：通过收拾家里的破烂儿，整理内心的破烂儿。

张燕在衣物上有些困扰：想找某件衣服，却怎么也找不到；

买了一件喜欢的衣服，回家却发现相似风格的已经有3件，诸如此类。新年时，她决定对自己近乎爆炸的衣橱做一个穷尽式清理。

首先，她把衣物分成包、鞋子、外套、上衣、裤子、裙子、运动衣、家居衣、配饰9大类；接着，在云端笔记本建立分类子文档，为每件物品拍照，并按类别贴入各个文档。全部完成后，张燕对自己的衣橱了然于心：27件外套，37件上衣，14条裤子，15条裙子，6顶帽子，10条围巾，5条腰带，6套睡衣，20双鞋，9个包。

她发现这个冬天不再添置衣物也完全没问题；而“舍掉”的部分被她打包，一部分捐掉，一部分直接拖到楼下垃圾箱。之后，不只衣橱，她整个人都神清气爽。

谨慎地拥有、珍惜地使用、勇敢地舍弃，这是人与物品之间最美好的关系。

戒“断”用不到的物品，停止超出所需分量物品的流动，并从源头上断绝那些多余物品进入我们生活的通道——比如不乱买、不乱拿、更不乱要。通过舍弃的实践，人们将不断重新审视自己与物品的关系，致力于将身边所有“不需要、不适合、不舒服”的东西替换为“需要、适合、舒服”的东西，改善生活面貌。断舍离的意义不单单在于此，它还是一种健康的生活方式，一种独特的思考法则。从关注物品转换为关注自我，改变肉眼看得见的世界，从而改善看不见的精神世界，让人从外到内，去审视，去改变。然而，把舍弃确实付诸行动，实属不易，但只要尝试，就有机会。

5. 遵循己心，大声说“不”

在这个社会上生存，难免会遇到别人请求我们帮助的时候。这些事情中有我们力所能及愿意去做的，也有超出我们能力范围不想去做的。但由于人们都碍于面子，所以产生了一种“不好意思拒绝对方”的心理。在这所谓的“面子”之下，我们常常对“不”字难以启齿，生怕对方会因此而感到生气，更担心如果说了“这件事我做不到”之后就会失去自认为很重要的“面子”，从而破坏了自己在别人心目中的形象。

所以，在大多数情况下，我们都会半推半就地同意帮忙，但这却导致了我们自己总是心不甘情不愿地去完成一些原本就可有可无的请求。更悲惨的是，一旦办事不力，没有解决好问题，我们还会吃力不讨好，不仅招致对方的埋怨，更会伤害双方之间的感情。于是你悔不当初，不停地问自己，为什么当时的我就没有勇气大声说“不”呢？

而且，从某种意义上来说，懂得如何拒绝他人，也是一件“利人利己”的事情。汪国真所言甚是：“当你无法拒绝他人的无理要求时，你其实正是在做一件害人害己的事情。”这里所谓的害人是指助长了他人恶习的养成，害己则是违心去做自己不愿做的事情，从而使自己压力倍增。

因此，勇敢地说出自己真实的想法和感受，大声地宣告爱恨情仇也是非常重要的，当然也是必要的。因为只有这样别人才会知道你想要什么、讨厌什么和拒绝什么，这也等于变相地告诉人们：这是我的心理底线，不要跨越它。否则，如果一味地忍让、退步和沉默，人们就会觉得：你喜欢这样，而且心甘情愿，你不会生气发火，更不会心存芥蒂。一旦这样，在与他人交往的过程中，双方之间的关系分寸就模糊了，而你自己往往就是那个最终受到伤害的人。

玛丽亚在上大学一年级的时候，每月只有5英镑生活费，这本该够用了，可是她却时常感到拮据。因为她不懂得拒绝，比如有同学邀她参加聚会，尽管当时她的口袋已经不富余了，可是她还是硬着头皮说："行。"这意味着第二天她的午饭将没有着落。可是有什么好的办法呢？总不能拒绝吧，那会让别的同学看不起自己的。

为了应付这些聚会，玛丽亚只得节衣缩食，可即便是这样，她的钱仍然常常青黄不接。这不，她现在只有20先令了，还得维持到月底，就在这时候，她收到姨妈的信，姨妈说下周四要进城，要她陪自己吃午饭。

姨妈是玛丽亚母亲的姐姐，对玛丽亚视如己出，疼爱有加。玛丽亚绝对没有拒绝的理由的，但是吃饭也是不能要姨妈掏钱的。可是，自己就剩这20先令了怎么办呢？

周四很快就到了，玛丽亚的姨妈已经找了她，并要与她去吃午饭。玛丽亚囊中羞涩，心想：我知道一家合适的小饭店，在那儿可以一人花3先令吃顿午饭。那样的话，我就可以剩下14先令用到月底了。

可是，她不敢这样建议，姨妈好不容易进城一次，自己要让她做主啊。正在这时，姨妈说："玛丽亚，咱们去哪里吃饭呢？"

玛丽亚虽然嘴上说："姨妈，您决定吧。"但是她心里在祈诗，姨妈千万不要去太贵的地方哦。

这时，她却听到姨妈说：“午饭我从不吃得太多，一份就够了。咱们去一处好点儿的地方吧。”

玛丽亚答应着，心里暗暗叫苦，不过好在姨妈对这里并不熟悉，自然要由玛丽亚带路。玛丽亚就领着姨妈朝她早已选好的那家小饭店的方向走去，没想到姨妈突然指着街对面的那家“大皇宫”说：“那儿不是挺好吗？那家餐馆看上去不错。”

玛丽亚说：“嗯，好吧，如果比起我们要去的地方您更喜欢的话。”她想自己可不能说：“亲爱的姨妈，我的钱不够，不能带您去那豪华的地方，那儿太贵了，花钱很多的。”

走进那家装修豪华的饭店，玛丽亚想：或许买一份菜的钱还是够的。侍者拿来了菜单，姨妈看了一遍后说：“吃这份好吗？”

那是一道法式烹饪的鸡肉，是菜单上最贵的：7先令。玛丽亚为自己点了最便宜的菜，花费3先令。这样，她用到月底的钱就还剩下10先令，不，9先令，因为还得给侍者1先令小费呢。

“这位女士，您还要什么吗？”侍者说，“我们有俄式鱼子酱。”“鱼子酱！”姨妈叫道：“啊！对——那种俄国进口的鱼子，棒极了！我可以要一些吗？”

玛丽亚心想这该死的侍者赶快走开吧，但她不好意思说：“哦，您不能，那样我用到月底的钱就只有5先令了。”于是，姨妈又要了一大份鱼子酱，还有一杯酒以及那份鸡肉。

玛丽亚算了算，只剩下4先令了，好在4先令还够买一周的奶酪面包，她就松了口气。

可是，姨妈刚吃完鸡肉，又看见一个侍者端着奶油蛋糕走过。“嘿！”她说，“那些蛋糕看上去非常好吃。我不能不吃！就吃一个小的。”现在只剩3先令了，玛丽亚有点垂头丧气，可是她不能表现出来，那会让姨妈伤心的。

这时侍者又端来一些水果，姨妈肯定还会吃一些。当然，还得喝些咖啡，尤其是她们在吃了这么好的午饭之后。

“没有啦！甚至准备给侍者的1先令也没有了。”玛丽亚在心里叫道，可是没有人能听到。

账单拿来了：20先令。玛丽亚在盘里放了20先令。没有侍者的小费，姨妈看了看钱，又看了看玛丽亚。

“那是你全部的钱？”她问。“是的，姨妈。”“你全用来招待我吃一顿美味的午饭，真是太好了——可是太傻了。”

“啊不，姨妈。”“你在大学学语言吗？”“对。”“在所有的语言当中，哪个字最难念？”“我不知道。”

“就是‘不’这个字。随着你长大成人，你得学会说‘不’，无论是对任何人。我早就知道你没有足够的钱上这家餐馆，可是我想让你得个教训，所以我不停地点最贵的东西，看你是不是懂得拒绝，可是你没有。哦，可怜的孩子！”

最后姨妈付了账，并给了玛丽亚5英镑作为生活费。

其实，我们每个人在成长的过程中，都会受到各种来自周围同学、朋友的建议或怂恿。基于此，在面对无理的要求或超出自己能力范围的事情时，我们必须要学会勇敢、明确地大声说“不”。

学会适时地拒绝他人，因为你并不是“超人”，也不可能让所有的人都感到满意。所以不论何时都要学着遵从己心，尽快做出判断，决定自己是答应还是拒绝。但拒绝并不是表示弱势也不意味着是逃避或偷懒，相反，它正是一种负责任的行为，不仅是对自己，更是对他人的负责。

总之，在该说“不”时就应该大声说出来！懂得如何拒绝别人，我们才会更加坦率，更加忠于自己，也就不会再为他人之愿所累了。正如伏尔泰所言：当别人坦率的时候，你也应该更加坦率，你没有必要替别人付晚餐钱，更不必为他人的无病呻吟而伤心流泪。面对每一个使你陷入这种心不甘情不愿又逼不得已的难局中的人时，你应该坦率地大声说“不”。所以，学会拒绝他人吧，不要再为讨好别人而勉强自己做不想做的事情，更不要做他人思想的奴隶。

6. 不必羡慕拥有“盛名”的人

平凡的女人往往会羡慕那些拥有盛名的女人，同时也希望自己能有那种非凡的影响力，但是被盛名所包围的人却能真正明白，这种压力是无法言语的。

有才华的人也要避免拥有盛名。拥有盛名的才子才女们要花费大量的时间到无用的事情上去，而且还容易才华枯竭。司马迁在写《史记》的时候，并没有前呼后拥，相反是冷冷清清；正是因为冷清的环境，他才能静下心来思考。拥有盛名的人周围往往热闹非凡，在这种情况下，他们很难安静下来思考自己的事情。他们只有不停地应付别人，而且不能怠慢，把自己弄得很疲惫，根本就没有认真思考的时间了。很多文学家在出名以后就很少有杰出的作品产生了，虽然有他们的思维定式的原因，但他们没有时间去改变思维也是一个重要原因。

盛名是不应该背负的，拥有盛名的人往往过得并不如意，原因就在于盛名给他们带来了很多负担。人的处境往往是由自己的心态决定的。人生就像爬山，爬了上去，也还是要下来的，爬得太高，在自己的心态不平和的情况下，一旦跌落下来，会摔得很重。如果一个人背上了盛名，就应该学会低调。

名声是把双刃剑，你用它装点自己的时候，同时也是在给自己埋下隐患。有人说过，这个世界上最伟大的人不是那种誉满天下的人，而是那种荣誉诋毁都满天下的人。所有人都说你好，不见得你很伟大；而有的人对你崇敬有加，有的人对你恨之入骨，或许你才是个伟大的人。

人如果有一种泰然处世的心态，就会对盛名避而远之。

很久以前，有一个年轻的剑客，他喜欢到处向成名的剑客挑战。因为他的剑术高超，所以顺利地击败了所有的对手。

年轻的剑客听说在某地住着一位有名的剑客，传说他是一位传奇人物，剑术绝妙，无人能敌。

于是，好胜的年轻剑客决定去向这位名剑客挑战。历经千辛万苦，他终于在一个山村里见到这位名剑客。

年轻剑客原本以为自己见到的会是一位相貌堂堂、气质出众的大人物，谁知对方竟是一个不修边幅、长相普通的老人，而且又瘦又小，一点也没有剑客的威风。更出乎他意料的是，老人的剑已经锈得无法再从剑鞘中拔出来了。

面对年轻剑客的挑战，老人毫不理睬，只管低头吃饭。正是盛夏，屋子里有好多苍蝇在嗡嗡乱飞，忽然，老人连眼皮都没有抬起，伸手用筷子从空中夹住了四只苍蝇，一字排开放在桌上，然后继续吃饭。

年轻剑客看得目瞪口呆，他的骄傲瞬间消失得无影无踪，他意识到自己的剑术根本不可能胜过这位老人。后来，他拜老人为师，潜心修炼。几年之后，他的剑也同样锈在鞘里。

剑是锈了，可是心境却更澄明了。真正的争斗不是去打败别人，而是战胜自己。只会用身外物和别人一较高低的人，其实不明白真正有价值的是什么。

玛丽·居里出生在波兰华沙，1891年进入巴黎大学学习，1893年和1894年分别取得了物理学硕士和数学硕士学位。1895年，玛丽·居里与皮埃尔·居里结婚，开始了对放射性元素的研究。1898年7月，他们发现了一种新元素，命名为钋。同年12月26日，他们又发现了一种比铀的放射性要强百万倍的新元素镭。但是当时还没有实物来证明镭的存在，科学界对他们的发现表示怀疑，也没有机构同意为他们提供实验室做研究。

居里夫妇只好在一个简陋的大棚子里做实验，历经了四年的艰辛提炼后，他们终于从8吨沥青铀矿渣中提取了0.1克纯镭，价值超过1亿法郎。这不仅赢得了科学界人士的普遍认可，而且使他们成为核物理学的奠基人。居里夫妇也因此共同获得了1903年诺贝尔物理学奖。

1907年，居里夫人提炼出了氯化镭。1910年，她测出了氯化镭的各种特性，并以《论放射性》一书成为放射化学的奠基人。由于“对科学的执着与贡献”，居里夫人于1911年获得诺贝尔化学奖。

正是这位在科学领域上享有盛名的居里夫人，生活却极为简朴。曾有一位记者要采访她，当来到一所简陋的房子前，记者看到一个衣着简朴的妇人赤脚坐在台阶上洗衣服，他过去询问居里夫人的住处，当那妇人抬起头时，记者大吃一惊，原来她就是居里夫人。

当初发现了镭之后，居里夫妇讨论如何处理那些请求他们告诉提炼镭的方法和信件，整场交谈在5分钟之内就结束了。居里先生说："我们必须在两个途径中选择一个，一是无偿公开镭的提炼方法……"居里夫人说："这样很好，我赞同。"居里先生说："二是将提炼方法申请专利，以后任何人想提炼镭都要经过我们的同意，并且我们的孩子可以继承这一专利。"居里夫人不假思索地说："这违背了科学精神，我们还是选第一个办法吧。"于是，他们向世界公开了镭的提炼方法和其他相关资料。

有一位女性朋友去居里夫人家里拜访她，发现她的小女儿正拿着英国皇家科学院颁给居里夫人的金质奖章在玩儿，朋友大吃一惊，问道："你怎么能把这么宝贵的东西给孩子玩儿呢?"居里夫人回答："我想让孩子从小就懂得，荣誉就像玩具，只能玩玩而已，决不能永远守着它，否则就将一事无成。"

居里夫人以高尚的情操和献身科学的精神教育孩子，她的女儿瑞娜后来也成为一名科学家，并像母亲那样获得了诺贝尔奖。

"一个人不应该与被财富毁了的人交结来往。"这是居里夫人的名言，而她也正是这样做的，不让自己被名誉和财富毁掉。当初那价值超过1亿法郎的0.1克纯镭，对于生活极其简陋的居里夫人并没有造成任何影响，她坦然地将0.1克镭无偿赠给了实验室，这份视名利如浮云的豁达实在令人赞叹。

正是因为居里夫人懂得名利就像玩具一样，偶尔拿来玩玩还可以调剂生活，但若是抱住不撒手，生活反而会被它给毁了，所以她才能头脑清楚地将名利放在一边，在科学研究中享受莫大的人生乐趣。

看看世间，有多少人正把玩具当成自己真正的人生死守不放呢？生活中，很多人都热衷于虚名，以为追求的是花冠，却不知是桎梏。王安石的《寄吴冲卿》诗中有一句“虚名终自误”，令人警醒。

追求荣誉，这无可厚非，但应该分清是什么样的荣誉：是名实相符，还是盛名之下其实难副的名誉。后者不仅徒累自身，还可能招致灾祸。

第六章

不被寂寞左右，不怕忍受孤独

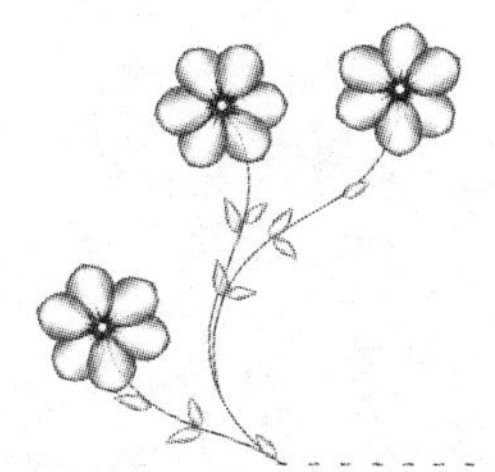

不在寂寞中自制，便在寂寞中堕落；不在寂寞中升华，便在寂寞中糜烂；不在寂寞中永生，便在寂寞中腐朽。

1. 不惧孤独，不畏寂寞

人生终究是一次经受孤独的过程，没有哪一个人每天都伴随着掌声和欢笑。远离喧嚣时，就应该懂得享受孤独。

每个人的机遇不同，然而在成功之前都有一个相同的必经过程——寂寞。寂寞是难耐的，寂寞是清苦的，寂寞是无聊的，寂寞是孤寂的，因此不少人抱怨寂寞难熬，耐不住寂寞，情绪容易躁动。比如，做学问的沉不下心搞研究，盼着买到一张百万彩票；当作家的不甘心埋头写作，希望能一夜之间成为名人……

殊不知，寂寞是一场漫漫修行，是一种身心的考验。铁树沉寂60年方开一次花，昙花积聚一个花期只为数小时的盛放。不在寂寞中自制，便在寂寞中堕落；不在寂寞中升华，便在寂寞中糜烂；不在寂寞中永生，便在寂寞中腐朽。如果说寂寞是成功的根须，那么成功就是寂寞开出的花朵。

就像童第周那样，孤身一人前往欧洲留学，不畏寂寞，终于成为连欧洲人都刮目相看的生物学家。

童第周是我国著名的生物学家。他出生在浙江鄞县一个偏僻的山村里。因为家里穷，他一面帮家里做农活，一面跟父亲念点儿书。

童第周17岁才进中学。他文化基础差，学习很吃力，第一学期期末考试，平均成绩才45分。校长要他退学，经他再三请求，才同意让他跟班试读一个学期。

第二学期，童第周更加发愤学习。每天天没亮，他就悄悄起床，在校园的路灯下面读外语。夜里同学们都睡了，他又到路灯下面去看书。值班老师发现了，关上路灯，叫他进屋睡觉。他趁老师不注意，又溜到厕所外边的路灯下面去学习。经过半年的努力，他终于赶上来了，各科成绩都不错，数学还考了100分。童第周看着成绩单，心想："一定要争气。我并不比别人笨。别人能办到的事，我经过努力，一定也能办到。"

童第周28岁的时候，得到亲友的资助，到比利时去留学，跟一位在欧洲很有名的生物学教授学习。一起学习的还有别的国家的学生。中国贫穷落后，在世界上没有地位，中国学生在国外被同学瞧不起。童第周暗暗下了决心，一定要为中国人争气。

那位教授一直在做一项实验，需要把青蛙卵的外膜剥掉。这种手术非常难做，要有熟练的技巧，还要有耐心和细心。教授自己做了几年，没有成功；同学们谁都不敢尝试。童第周不声不响地动手实践起来，他不怕失败，做了一遍又一遍，终于成功了。教授兴奋地说："童第周真行！"

李时珍撰写医药典籍，历时27年，期间他访遍名山大川，尝遍百花野草，终于著成举世震惊的医学巨著《本草纲目》，正可谓"古来圣贤皆寂寞"。试想，如果他与众多的太医院判同流合污，为功名利禄所诱惑；或者不能忍受远涉深山旷野，遍访名医宿儒的寂寞，哪还能取得如此巨大的成就呢？

香港著名的心性治疗师素黑讲过这样一个故事：

她有一个病人，是一个妙龄的女孩，她非常孤独。这女孩的身体很柔弱，是个很不开心的人。但是这个女孩子却很纵容自己，经常哭着来找素黑，表现出很虚弱很崩溃的样子。她会发很多短信给自己的治疗师，短信的内容无非是“我又发病了，呵呵”“我死了你会哭吗？”等等，看上去似乎对自己的痛苦轻描淡写，但她的整个心态就像孩子一样。

有趣的是，在给这个女孩子治疗的过程中，素黑接到了一封电子邮件，邮件来自和她合写专栏的一位内地作家，这位作家也是单身，因为疾病住院，不能按时交稿。她是个很有责任感的人，在临近入院的时候还不忘发电子邮件交代自己未完成的工作。

在她的邮件里，只有很简短的信息：“对不起，因为突然入院，来不及交稿，晚一点儿才能发稿给你，很不好意思。”言简意赅，却展现出了和前面那个女孩截然不同的态度。

同样都是寂寞，放纵自己或正视责任表现出来的形象却大不相同。所以，面对寂寞，我们应该学会正视，学会感恩。寂寞不是百无聊赖、无所事事，更不是所谓的孤独或寂灭。寂寞的意义在于：守住精神的底线，不为浮躁左右，安静躁动的心神，熨帖狂乱的灵魂。凭借自己的良知和理性，在寂寞中坚守、进而升华，完成对生命的认识和诠释，使人生不再寂寞。

国学大师王国维曾说过，古今成大事业、大学问的人，都必须经历3种境界：一是“昨夜西风凋碧树，独上高楼，望断天涯路”的寂寞孤独；二是“衣带渐宽终不悔，为伊消得人憔悴”的执着和坚持；三才是“众里寻他千百度，蓦然回首，那人却在灯火阑珊处”的辉煌和成功，寂寞的妙处可见一斑。

“静中念虑澄澈，见心之真体；闲中气象从容，识心之真机。”“万物芸芸，各复归根，归根曰静，静曰复命。”这些话无不启发我们：寂寞，是思想上的考验，是精神的历程。红尘喧嚣，人海浮沉之余，耐得住寂寞，经得起诱惑，心灵才得其正，浮华归于沉寂，精彩方才体现。

2. 带上信念前行，你并不孤独

人生的变数很多，没有人能够承诺给我们一个永远的晴天；没有人能够预知草莽中是否潜藏着毒蛇猛兽。然而，我们虽然不能够把握外界，行动却可以产生力量。这种力量的源泉就来自于坚强的信念，而真正的信念永远是不可战胜的。

种子播种到地里，我们看到的或许只是这个现象的本身，然而在农夫的眼里，看到的却不仅仅是这些，更是一片充满生机的绿和金黄色的收获。显然，他眼中凝聚着对收获的一种信念。正是受到这种力量的鼓舞，他日复一日、年复一年在祖先留下的这块土地上辛勤地劳作，与土地结下不解之缘，得到的是硕果累累。

有人说，没有种子会在春天死掉。是的，它们会发芽，会长出嫩嫩的青叶，甚至还会开花——也许并没有果实，但它们顾不了太多，它们只是一个劲地往上长。看似对蓝天的崇拜和对阳光的渴望织成了它们的唯一信念。

也许它们会被春天的淫雨淹没细根；也许它们会被夏日的骄阳剥去葱绿；也许它们会被秋风无情地扯断纤茎；也许它们会被冬雪覆盖最后一丝残存的呼吸……但是，它们并没有因为四季而放弃生命，不是吗？否则，我们看到的满眼绿色又是什么？

也许种子看到的并非太多的残酷，也许它们会感觉到阳光与雨露的无私；也许它们会感觉到彩虹与朝霞的炫目；也许它们会感觉到落叶萧萧与薄雾蒙蒙的美；也许它们在死亡之前仍感叹生命的短暂和自然的宽容和精彩。

究竟是什么让种子如此乐观，并且能够看破风雪萌发长成参天大树呢？是信念！因为有了坚定的信念，种子才会坚持到隆冬；因为有信念，才会有前进的动力；因为有信念，才会有无畏的胆识，超越一切，走向成功；因为有信念，所以才有了一切。

在人生的历程中，接受信念的指引，大步向前，会像种子一样战胜严酷的环境，迎来参天大树那样的伟岸。

美国纽约州历史上第一位黑人州长罗杰·罗尔斯的故事正说明了信念决定人生方向的道理。罗杰·罗尔斯出生在纽约声名狼藉的大沙头贫民窟。这里环境肮脏，充满暴力，是偷渡者和流浪汉的聚集地。在这儿出生的孩子从小就逃学、打架、偷窃甚至吸毒，长大后很少有人从事体面的职业。然而，罗杰·罗尔斯却是个例外，他不仅考入了大学，而且最终当选了纽约州的州长。

在就职的记者招待会上，一位记者对他提问：是什么把你推向州长宝座的？面对300多名记者，罗尔斯对自己的奋斗史只字未提，只谈到了他上小学时的校长——皮尔·保罗。

皮尔·保罗担任诺必塔小学的董事兼校长的时候正是美国嬉皮士流行的时代，他发现诺必塔小学的穷孩子们比“迷惘的一代”还要无所事事。他们不与老师合作，旷课、斗殴甚至砸烂教室的黑板。皮尔·保罗想了很多办法来引导他们，可是没有一个是奏效的。后来他发现这些孩子都很迷信，于是在他上课的时候就多了一项内容——给学生看手相。他用这个办法来鼓励学生。

一天当罗尔斯从窗台上跳下，伸着小手走向讲台时，皮尔·保罗握着他的小手说："我一看你修长的小拇指就知道，将来你是纽约州的州长。"当时，罗尔斯大吃一惊，因为长这么大，只有他奶奶让他振奋过一次，说他可以成为5吨重的小船的船长。这一次，皮尔·保罗先生竟说他可以成为纽约州的州长，着实出乎他的预料。他记下了这句话，并且相信了它。

从那天起，"纽约州州长"就像一面旗帜树立在小罗尔斯的心中，他的衣服不再沾满泥土，说话时也不再夹杂污言秽语。他开始挺直腰杆走路，在以后的40多年间，他没有一天不按州长的身份要求自己。51岁那年，他终于成了州长。

罗尔斯在他的就职演说中说："信念值多少钱？信念是不值钱的，它有时甚至是一个善意的欺骗，然而你一旦坚持下去，它就会迅速升值。"

罗尔斯的经历给我们这样一个启示：信念就是所有奇迹的萌发点。所有成功的人，最初都是从一个信念开始的。你不需要花费很多的金钱或者代价来获得它，你需要的只是一颗细腻而坚定的心；之后你便会发觉它已经慢慢地向你靠近，而你也会在它的引领下慢慢地向成功靠近。

派蒂·威尔森是一个患有癫痫的少女，但她却树立了不倒的信念，创造了不倒的奇迹。她的父亲吉姆·威尔森习惯每天晨跑。有一天戴着牙套的派蒂兴致勃勃地对父亲说："爸，我想每天跟你一起慢跑。"

父亲回答说："也好，万一你病情发作，我也知道如何处理。我们明天就开始跑吧。"

于是，十几岁的派蒂就这样与跑步结下了不解之缘。和父亲一起晨跑是她一天之中最快乐的时光。但跑步期间，派蒂的病一次也没发作过。

几个礼拜之后，她向父亲表示了自己的心愿：“爸，我想打破女子长跑的世界纪录。”她父亲替她查了吉尼斯世界纪录，发现女子长跑的最高纪录是128.7千米（80英里）。

当时，读高一的派蒂为自己制订了一个长远的目标：“今年我要从橘郡跑到旧金山643.6千米（400英里）；高二时，要到达俄勒冈州的波特兰2413.5千米（1500英里）；高三时的目标为圣路易市3218千米（约2000英里）；高四则要向白宫前进4827千米（约3000英里）。”

虽然派蒂的身体状况与他人不同，但她仍然满怀热情与理想。对她而言，癫痫只是偶尔给她带来不便的小毛病。她不因此消极畏缩，相反，她更珍惜自己已经拥有的。

高一时，派蒂一路跑到了旧金山。她父亲陪她跑完了全程，做护士的母亲则开着旅行拖车尾随其后，照料父女两人。

高二时，她在前往波特兰的路上扭伤了脚踝。医生劝告她立刻中止跑步：“你的脚踝必须打石膏，否则会造成永久的伤害。”

她回答道：“医生，你不了解，跑步不是我一时的兴趣，而是我一辈子的至爱。我跑步不单是为了自己，同时也是要向所有人证明，身有残缺的人照样能跑马拉松。有什么方法能让我跑完这段路？”

医生表示可用黏合剂先将受损处接合，而不用打石膏；但他警告说，这样会起水泡，到时会疼痛难耐。派蒂二话没说便点头答应。

派蒂终于来到波特兰，俄勒冈州州长还陪她跑完最后一程。

一面写着红字的横幅早在终点等着她：“超级长跑女将，派蒂·威尔森在17岁生日这天创造了辉煌的纪录。”

高中的最后一年，派蒂花了4个月的时间，由西岸长征到东岸，最后抵达华盛顿，并接受总统召见。她告诉总统：“我想让其他人知道，癫痫患者与一般人无异，也能过正常的生活。”

任何人都可以使梦想成为现实，但首先你必须拥有实现这一梦想的信念。信念是一种巨大的动力，它可以使你去做别人认为不可能成功的事。一个强者，能够终年一致地施行有效的做法以达到自己想要的成功。

信念，似普罗米修斯的火把一般点燃成功的导火线，那耀眼的火光刺痛人们的双眼，冥冥中，你会感到一种新生的力量在每一根神经上跳跃不息。

3. 泪水太多，就会变得廉价

很长一段时间里，有人把女人的眼泪当成征服男人最好的武器，可很多时候，男人并不喜欢“眼泪瓶”。女人的眼泪，默默含着柔情，令人疼惜。但总是“梨花带雨”的女人，常常软弱得没有了主见和智慧，让人感觉压抑，不愿意亲近。

女人想要获得幸福，把哭泣当成事业是没有成效的，泪水太多，就会变得廉价。哭只是一种发泄的途径，眼泪再多，心也要坚强。

女人应该把哭当作一场洗礼，哭过之后，就要清扫自己心中的垃圾，轻松上阵，相信人生没有什么过不去的，而后微笑面对明天，让彩虹在泪水之后横贯在天空。

为了追求理想中的爱情，33岁的江玲成了名副其实的剩女。然而和大部分挑剔高傲的剩女不太一样，她有着一颗太自卑的心。当然，她长得并不丑，身材苗条，容貌清秀，也有一份不错的工作，是单位的骨干力量。

因为始终抱着宁缺毋滥的心态寻找属于自己的爱情，直到28岁，江玲仍然未认认真真地谈过一次恋爱。然而28岁那年，她却患上了一种慢性免疫系统疾病，虽然这种病不会传染，也不会遗传，但必须终生服药控制病情。

那一刻，江玲几近崩溃，人生一下子被悲观的阴影笼罩了，几次想到了自杀。为了父母，她选择了坚强地活下去。为了了却父母多年的心愿，她收起了对爱情的幻想，决定找一个对自己好的人结婚生子。经过筛选，江玲锁定了大学同学陈晨。陈晨从上大学开始就喜欢江玲，对江玲可谓死心塌地，毕业6年了，仍然不忘每年情人节送她玫瑰。江玲想，这样一个死心塌地对自己好的人，除了父母，世界上恐怕没有第二个人了。于是，她答应了陈晨的恋爱请求，并且将自己的病情告诉了他。陈晨表现得很坚决，说道："不用怕，有什么困难我们一起面对！"江玲听完，非常感动，陈晨明知她有病，还愿意与她一同面对，这份深情，她下定决心要用一辈子来回报。

但是，他们的恋情却遭到了陈晨父母的强烈反对。开始时，陈晨还与父母抗争，然而，他最终没有拗过老人。后来，陈晨在见过家人安排的相亲对象后，告诉江玲，在她和父母之间，他只能选择顺从父母。

陈晨的抛弃，无疑给了江玲又一重大打击。但江玲是一个勇敢的人。经过撕心裂肺的恨之后，她再次选择了坚强，重新振作。江玲开始相亲，开始微笑着去争取自己的幸福。

半年后，她遇到了温东。温东是个工程师，斯文帅气。第一眼看到他，江玲就觉得此前所受的磨难是老天对自己的考验。他是她一直期待的白马王子，他的一切，她全部都爱。温东对江玲也颇有好感，两人很快就确立了恋爱关系。相恋一个月后，江玲将自己的病情告诉了温东，温东很坦率地说，自己不在乎。那一刻，江玲觉得自己是世界上最幸福的人。

这是江玲第一次投入地爱一人，她毫无保留地爱着温东，很珍惜这段来之不易的感情，处处为他着想。然而，同样的事情再次发生，温东的父母也不同意两人的恋情。江玲提出了分手，温东没有丝毫犹豫就同意了。江玲第一次体会到万箭穿心的滋味。4年来，她吃药比饭还要多，她曾一个人上手术台，一个人回家，自己在手术单上签字……她一直以为自己可以坚强地撑下去……

江玲卸下了所有的坚强，大颗眼泪从她的脸颊滴落下来，心里的苦，一股脑全发泄了出来：生活如此不公，命运如此无常……

痛快地大哭一场后，江铃的情绪渐渐冷静下来，她慢慢地起身，到窗边拉开窗帘。窗外阳光明媚，欢声笑语。她在心里悄悄地对自己说："要坚强，哭一场，就忘记过去吧。好好生活，重新开始，陷在痛苦里不肯自拔，折磨的只是自己。"

生活就像五味瓶，酸甜苦辣咸；生活也像气球，有一定的承受能力。从某种意义上说，江玲是不幸的，也是坚强的，但坚强也要有限度。当痛苦冲破了人的承受底线，适当的哭泣不失为最好的方法，但哭过就算了，别沉浸在悲伤里不能自拔。

哭是一种发泄方式，感觉撑不住的时候，大哭一场，它不代表软弱，只是坚强维持太久之后，女人需要释放内心的创伤，寻回勇气。不要总渴望让别人来同情和可怜自己，不要遇到一点困难和挫折，就认为生活的路走到了尽头，再没有回转的可能。你退缩了，畏惧了，才是真的失去了希望。

记得一首诗歌里这样写道："跟你一样，我已懂得忘却，早已不为任何理由哭泣。可是每逢八月，令人害怕的雨总是滂沱。我流着泪走在雨中，不需要同情和怜悯。雨水流淌，连着八月的梦境，如同爆发前的火山，岩浆在沸腾，寻找着裂口，完成一次救赎。"

此刻的你，若是感到难过，若是感到委屈，若是感到痛心，尽管大哭一场吧。哭泣之后，擦掉眼泪，收起狼狈，绽放笑容，自信满满，将最好的姿态展示人前。做一朵坚强的玫瑰，在每一个清晨雨露中，笑着迎接阳光，笑着迎接风雨，幸福就会悄悄降临到你的身上。

4. 熟悉的地方，也有意外的好风景

在人生的旅途中，最糟糕的境遇往往不是贫困，也不是厄运，而是精神和心境处于一种无知无觉的疲惫状态。本来活得好好的，各方面的环境都不错，然而你却常常心存厌倦。也许你早已厌倦了手上的工作，也许你早已不再喜欢现在的生活。

当你工作着的时候，你渴望着过一种自由自在、肆意放松的生活。当你真正无所事事时，你又企盼着工作时的那份充实和忙碌。可当你重新开始工作时，你又会无比厌烦，继续渴望着你的关于美好生活的想象。

曾经感动过你的一切不能再感动你，吸引过你的一切不能再吸引你，甚至激怒过你的一切也不再激怒你。对这种因生命的平淡和缺少激情而苦恼的心态，如果仅仅用不知足来解释是不够的，这是因为你让自己的心灵黯淡了，所以即使面对再精彩的生活，你也会对它熟视无睹。

这时候，需要改变的不是世界，不是环境，而是你的心态。你应该用心去感受一下，不能太急躁，否则往往没有过程只有结果，这太对不起自己。人至少要给人生一点惊奇，惊奇处便在停脚处，只有停下脚步的人，才能窥见生命之美。停一停，望一望，生活的美丽便会进入你的脑海。

一个印第安男孩同他的一个朋友走在纽约市中心的街道上。突然，这个印第安男孩对他的朋友说：“我听见一只蟋蟀在叫？你听到了吗？”他朋友仔细地听了听后回答道：“没有！你一定是听错了！”

“不，我真的听到一只蟋蟀在叫的声音了。真的！我肯定！”“现在到处是熙熙攘攘的人群，吵闹声，汽车喇叭声，出租车尖叫声……你怎么可能在这里听到一只蟋蟀在叫？”“我肯定我听到了的。”印第安男孩一边回答，一边屏气凝神地搜寻着声音的来源。他们走过一个街的拐角，再穿过一条街道，然后四处寻找。最后在一个街道的角落里看到一小簇灌木丛。印第安男孩仔细地搜索灌木丛中的枯叶，最后在枯叶堆里找到了那只蟋蟀。

他的朋友惊得目瞪口呆。印第安男孩说："不是我的耳朵比你的更敏锐，关键是你在注意听什么。过来，让我演示给你看。"他把手伸进自己裤兜里摸索了一会儿，然后掏出一把硬币。他将这些硬币一一撒落在地上，硬币撞击水泥地板时发出了清脆的响声。街道周围所有人的头都扭向了这边。

"明白我的意思了吗？"印第安男孩一边解释给他的朋友听，一边拾起他刚撒落的硬币，"关键是你在注意听什么。"

是的，我们的耳朵听惯了金钱的撞击声，听惯了上级的命令声，听惯了下级的恭维声，那么它对生活本身所隐藏着的那些美妙声音的感受力就变得无比迟钝了。我们的眼睛戴上了有色眼镜，所以看到的是满眼的灰色，生活中那美丽的彩虹怎么都无法进入我们的视线之内。其实生活中处处有风景，只要我们肯仔细找寻，就一定能见到生活那绚丽多彩的一面。

多数的生命是平常的，多数的人生是平淡的，可就是在这平淡之中藏着真情，就是在这寻常里面寓有深意，如果想体验，你要用心才行。把目光从物质上稍稍移开，留点时间和空间给心灵和精神，为他们寻找一个家园。西方一位名人说过："养成观察事物好的一面，比一年赚一千镑更重要。"

在风雪路上疾走着的你，如果遇到了一处可以取暖的房屋，这是一种多么巨大的幸福；下班后带着一身疲惫回到家中，如果能为自己备好一杯热茶和一盘点心，然后卧在沙发上打开电视，边吃边喝边看，那是怎样一种惬意；在街头等朋友等得不耐烦的时候，忽然看到报栏里一张报纸夹缝中登载的一则精妙小故事，乐得你旁若无人地大笑起来……生活中突如其来的快乐和惬意有很多，只要你有一颗随时准备接受快乐的心。

很多时候，觉得生活乏味无趣，是因为我们太苛求生活了，在我们心目中总是对生活提出太高的要求，我们不肯接受生活真实的面目，其实如果摆正心态，告诉自己生活本来就是如此，有苦有甜，那么我们就会变得充实和乐观起来。

人们常说“熟悉的地方无风景”，其实并不完全正确，生活所蕴藏着的景色是无穷无尽的，只要我们肯去发现，就会不断地有惊喜。人看事情本来就是两个面，负面看人生，事事都糟糕；正面看人生，处处有生机。一个人愈能理解这一点，便愈能感受到生命的宝贵和人生的快乐。

退休女教师露泽娜·斯坦利是捷克犹太人。二战期间，她的全部亲人都惨死在奥斯威辛纳粹集中营，只有她一人死里逃生，所以人们都认为她是幸存者。可是默默存活了半个世纪的露泽娜老太太，在看完电影《辛德勒名单》后，在家中服毒身亡了。

幸存者之所以无法生存下去，是因为她心底一直埋藏着噩梦，一旦这个噩梦从心底反上来，她的心就被撕碎了，所以真正的幸存者应该是我们这些生活在平凡日子里的平凡之人，我们过着看似平淡无奇的日子，没有大喜，但也没有大悲，所以请不要时时抱怨生活的乏味无趣，而应该感激生活的偏袒与宠幸！

成熟而美丽的女人不再抱怨生活的乏味，不再抱怨生活的不公，而应坦然面对生活的喜怒哀乐。平凡的生活其实才是最本质的生活，学会享受生活，从最平凡的事开始吧！

5. 气质美女，也必须融入“世俗”

俗话说：生容易，活容易，生活不容易。的确，生活对谁来讲都不是一件容易的事。但是，细察那些过了30岁仍然生活不易的女人，我们会发现这种痛苦有一部分源自于对“世俗”的认知太晚。

很多女人在二十多岁的时候总是标榜“清纯”，随时准备为自己不着边际的梦想牺牲一切。绝大多数的女孩在年轻的时候，都是顺着这种思维，毫无计划地生活着，虽然身在世俗的世界里，活在现实中，却把世俗的意识抛到了九霄云外，抱着“理想”过日子。

十年前，刘芳与男友相爱，尽管男友的家可以用家徒四壁来形容，尽管父母及家人强烈反对，尽管最亲密的闺中密友告诉她没有面包的爱情难以抵挡现实生活的磨砺。她还是义无反顾地选择了他，她说只要有爱情，就可以克服一切困难。家人都劝她，有爱情固然是好事，但人总得食五谷杂粮，我们不能抱着爱情过日子，当你饥饿的时候，爱情并不能用来果腹。崇尚爱情的她，对这一切都听不进去。亲朋好友给她介绍对象，都是综合了物质层面来考虑的，她对这些人总是带着鄙视而仇恨的眼神。她觉得周围的人都是那么粗俗不堪，甚至觉得与之相处是一种折磨。

她觉得只要通过努力，现实生活是极易改变的。她也确实在不断地努力，想要证明给周围的人看。但十年过去了，她的生活却还没有多大改观，也许是她的努力还不够，但相当一部分原因还是因为物质基础太薄弱了，对于别人来说只是生活中小小的不幸，但落在底子薄弱的他们身上，往往就将他们辛辛苦苦的努力全部化为乌有了。这十年间，比起同年龄的那些选择了“世俗”的女孩，她所付出的艰辛多了好几倍的。

30岁了，当昔日的朋友都住在宽敞的房子里，与家人过着悠闲的生活时，她还在努力地为自己的房子而奋斗，为生活不停地奔忙劳碌。她偶尔也会为不能让年迈的父母享受更丰富的晚年而不安，也会为不能让自己的孩子过上和别人的孩子一样优越的生活而有一点点的失落。不过值得欣慰的是，她选择的爱情没有变质。假如有一天爱情变质了的话，真不敢想象她将如何面对这个现实。

其实，人生本来就是世俗的，只是很多女人要到了成熟之后才会对这一点本性予以承认。但是，如果我们能早一点学会世俗的话，就会早一点为自己的物质生活做打算。其实人和人的区别并不大，我们大多是普通人，并不是含着金汤匙出生的贵族，所以，十岁以前过什么样的生活，有什么样的学习状态，都不会使我们有多大的不同，更不会有多大的影响力，关键是二十几岁从学校毕业后对社会对人生的价值观。

“清纯”是一种正常的状态，所以很多女性都愿意维持着这样一种状态，也有些成熟的人早早地就抛弃了这种状态，而那些早早抛弃了的人，生活状态也就早别人一步发生转变。

其实，早一点学会世俗，会让你意识到究竟应该以一种什么样的方式生活才能拥有幸福。既然幸福是每一个女人追求的目标，就要朝自己的目标有计划地前进，而不是想当然地混日子。

许多人认为，重视现实价值，就不得不抛弃诸如道德伦理、爱情之类的精神价值。事实上，现实价值和精神价值两者并不是不能兼容的，恰恰相反，二者不仅可以兼得，甚至还会相互促进，精神价值只有在现实价值的基础上，才会更牢靠，更有光彩。对于贫穷失学的孩子来说，有人能资助他们上学比起同情和安慰对他们要有用得多；对于那些吃饭都成问题的人来说，物质上的救助比起自由和民主的权利更受他们欢迎。

对于一个女人来说，与其抱着单纯的思想盲目地生活，最终还是无法逃离沦为一个凡夫俗子的命运，到了四五十岁还在为生活奔忙劳碌，不如早一点抛弃对现实和金钱的成见，与金钱交好，适应现实环境，让自己成为人生的主宰。不管怎样，如果早一点学会世俗，你就会比别人活得更从容，因为学会世俗意味着诚实地面对现实生活的压力，并有超脱的能力让现实成为有利于自己的工具，帮助自己过上自己想要的生活，做自己想做的事情。

做一个能够认清现实的俗人，并不意味着要放弃自己的理想和社会责任感。那些生活富足的人，已经具备了物质基础，不仅不用每天为温饱而发愁，还有余钱可以拿出来帮助别人。他们要追寻的梦想非但不再遥不可及，反而能从身边触手可及的地方开始。

我们的身边也不乏这样已过而立之年却仍然生活得非常精彩的女人。不管她们自己有没有意识到这一点，但她们肯定早已脱离了单纯的想法，而优先融入了“世俗”之中。

6. 靠谁都不如靠自己的双手

女人应该拥有自己的事业，用自己的双手赚钱。不能把所有的希望都寄托在男人身上，那样过一点都不开心，也一点都不会快乐。做女人不是应该活得精彩一点，潇洒一点吗？

女人要想过幸福的生活，总是离不开金钱。所以就有了女人理财的这个话题。说到理财，女人究竟该怎样做才是最正确的呢？每个人的方式都不相同。有的人通过找一份称心如意的工作来实现，也有人期待能够找一个有钱人做老公，然后把自己的一切都寄托在他的身上。

女人想找一个有钱的男人做老公当然无可厚非，许多人也曾说：女人找老公，就是为了一张长期饭票。却不知，寻找长期饭票，也有财务风险，除了要考虑饭票的“有效期限”之外，你也要承受容颜衰老吸引力下降的风险。许多年轻女性就曾经以为自己找了个“大款”，可是到婚后才发现，自己找到的这个“大款”实际上“外强中干”。

有一个女孩认识了一个男孩子，他是某家公司的总经理，人长得很俊朗，还有房子，这个女孩子一看这些基本情况都符合自己的要求，就有点迫不及待，人家没有进入恋爱状态时，她就已经进入状态了，并且主动与人家谈恋爱。在这个女孩子还不太清楚这个男孩子真实背景的情况下，这个男孩子却看透了她的想法，所以经常编织谎话骗她，告诉她自己如何有实力。于是，当男孩子经常说公司资金周转不过来向她借钱时，女孩总认为这只是自己的一个小投资不算什么，她将来得到的远比这些多得多。结婚后她才发现这个男孩子的公司是皮包公司，并且他还是个赌徒，房子更是早就抵押掉了。这时，女孩子已悔之晚矣。

其实，结婚本身就是理财，婚姻不是你最大的财，就是你最大的债。女人不应该因为爱一个人的外观、经济条件而和他结婚，而是应该因为人生观、价值观相同而和他结婚。女人愿意嫁给有钱男人的想法无可厚非，但是嫁给有钱的男人不代表女人可以不工作、财务上可以不独立。一个完全要老公养活的女人很难说是一个独立的女人。

小倩在念大学时，是学校的传奇人物，她不仅长得漂亮，而且多才多艺，无论是歌唱、舞蹈还是美术、运动，她都有着超凡的天赋。所有人都觉得她的前途一片光明。可是，几年后，同学们却意外地听到了关于她的负面消息。原来，她把人生的希望都放在寻找多金男友上。指望因此可以过上天天用鱼翅漱口、小手一挥什么都可以包起来、由老公买单的生活，所以她坚持“不进修主妇课程，不做家务，不煮饭”。

小倩对白马王子的要求很高，但幸运之神却一直没有眷顾她。一般的男性在认识不久后，总是识趣地打了退堂鼓，寻寻觅觅直到而立之年，才交到一位在证券交易所任要职的男友。神仙眷侣般的生活过了不到半年，男友便开始质疑她为何整天待在家不工作，也不做家务。

小倩因为把全部的希望都寄托在男友身上，因此一点钱都没有存下来，同时，因为两人的感情基础并不稳固，男友又开始和年轻的女性交往。眼角处已有细小皱纹、脸上肌肤的弹性也大不如前的她，还不愿意接受这样的现实，依旧希望能寻找到她的“救世主”，令人十分惋惜。

每个女人都有权利寻找她的白马王子，但绝对不能饿着肚子寻找，因为没有经济基础的爱情就如同海市蜃楼般虚幻，早晚都是一场空。聪明的女人就要掌握主动，做一只主动觅食的小鸡。

女人应该拥有自己的事业，用自己的双手赚钱。不要把所有的希望都寄托在男人身上，那样过根本一点都不开心，也一点都不会快乐。做女人应该活得精彩、潇洒。

更何况，婚姻并不一定是未来的保障，因为生命中的变数太多，伤残、疾病、失业、丧偶等都可能使家庭生计陷入困顿。即使婚姻幸福的女人，也有可能单独面对现实人生。

所以，不论单身或已婚女性，都要改变寻找“长期饭票”的观念。“靠山山倒，靠人人跑，只有靠自己最好。”只有好好管理自己的财富，在经济上独立了，才会在生活中获得心理上的安宁。所以，对那些相对优秀的女人来说，如果能趁年轻早一点开创自己的事业，不失为明智的选择。

现在许多女性的能力不低于男性，应付自己的衣食住行绰绰有余，只要细心打点，完全可以成为一个经济独立的人，所以根本无须用自己的青春和美貌去交换男人的财富和地位。

7. 整理好寂寞的往事，挑战明天的财富

社会是复杂的，世事纷繁，付出不一定有收获，但生命的意义不一定在于结局，过程也很重要。社会是一本厚重的书，许多人都在读这本书，不同的是，因为各自的悟性不同，造就了每个人不同的人生路。

现代社会竞争激烈，女性和男性一样站在同一起跑线上。虽然她们没有男性那样健壮的身体和强大的力量，但是，她们在社会这所学校里经过艰苦的锻炼，铸就了成功的人生，成为当代杰出的人才。

因为曾经有过失败的经历，她们才会更好地把握成功的时机；因为有了痛苦的经历，她们才更懂得怎样去创造快乐；因为有了失去的经历，她们才不会轻易放弃自己的所爱；因为有了孤独的经历，她们才学会了思考，最终知道如何懂得享受精神的收获。同时，她们也得到了许多生活的经验，学会了怎样承受压力、怎样勇敢地面对困境，学会如何走出自我的浅薄、走出忧愁的叹息、走出厄运的阴影，去迎接风雨。因为有了一份经历，才知道什么是悲喜苦乐，什么是真假善恶。因为有了一份经历，才知道天有多高、地有多广、路有多长。

对于女性来说，经历就是财富，一笔无价的财富；经历也是自己生存的武器，随着时光的流逝，它会成为女人身上不可缺少的一部分，谁也无法抢走的武器。经历让女性改写了自己的人生，使她们在生活的舞台上谈笑风生，经营着自己那份辉煌的事业。

曾经有这样一个年轻而特别的中国女孩，她外表纤弱、美丽、温柔、充满朝气，人们称她是一个强有力的女孩。之所以说她强有力，是因为她曾在不到4年的时间里，在华尔街最著名的摩根士丹利投资银行主持过近7000亿美元的企业收购和兼并项目，世界众多顶级企业在她充满精确逻辑的思维帮助下改写着历史；她笑谈风云，在加盟凤凰卫视后又邀请中国许多企业家为嘉宾，用她知性的头脑与他们讨论着天下财经大势。这位有着翩翩风度和无数追求者的美女兼才女，用她甜美的嗓音和博闻多识让无数观众为之倾倒。

这个中国女孩就是出生于北京的曾子墨。年轻的曾子墨获得了令同龄人望尘莫及的成就，充分显示出了她的能力。人们如何知道，这个女孩的成功之路并不是一帆风顺的。

1992年冬天，在中国人民大学国际金融系一年级读书的曾子墨，以优异的成绩获得了美国达特茅斯学院的全额奖学金。带着全家人的希望、朋友的祝福和同学的羡慕，她只身一人前往美国达特茅斯学院经济系就读。

初到美国的曾子墨面临着重重困难，这时的她感到十分迷茫和孤独，一个个清冷和寂寞的早晨和黄昏，曾子墨唯一做的就是不停地读书和打工。

曾子墨到美国的第一个生日，是在学校的食堂里读着爸爸的来信度过的。那时，当她看到父亲那熟悉的笔迹时，泪水“唰”地流过她的面颊。父亲在信中说，他在北京机场送行的时候非常难过，但为了让女儿有远大的前程，他只有强忍眼泪。此时的曾子墨，在远离祖国和亲人的异国，深切地感受到来自大洋彼岸的浓浓亲情。看完父亲的信后，她心想：“我为什么要这样远离家人千辛万苦地跑来美国？难道人人羡慕的美国生活就是这个样子吗？就算念完4年大学，前面的路又该如何走呢？走着没有目标的路，何以回亲爱的祖国见父老乡亲？”

曾子墨到底是一个有主见的女孩子，她没有让亲人失望，经过许多孤独日子的勤奋学习，在每个学期都能交出近乎完美的成绩单，甚至微积分也能拿全班第一。这个东方女孩是美国同学眼中的一个谜：他们认为她聪明、漂亮、孤傲，想接近她又怕遭到拒绝，因此，只有对她若即若离。

临近毕业时，华尔街很多著名的投资银行到学校来选拔人才。对于学习经济和金融的学生来说，能进入这些金融机构中的任何一家都意味着极大的成功。曾子墨和她的同学一起参加了面试，经过30个企业高层的面试后，曾子墨在如云的高才生中脱颖而出，成功地进入美国最著名的摩根士丹利投资银行担任分析师，主要负责企业并购。

看到曾子墨如此顺利地进入摩根士丹利投资银行，许多人向她投去了羡慕的目光，有几个学生向她讨教经验，曾子墨总结说：“其实机遇面前人人平等，关键是技巧。大公司对于员工素质的要求就那几条，不外乎敬业、有责任心、团队意识强等等，我只要把这些话，通过自己4年中发生的故事表现出来，就能给那些面试者强烈的认同感。”

这就是经历带给曾子墨的成功，如果没有4年的孤独和思考，没有4年的苦学和深思，恐怕她是不会顺利地进入摩根士丹利投资银行的。

在摩根士丹利投资银行工作时，曾子墨十分敬业，每天第一个进入公司的是她，最后一个离开公司的还是她。为了提升自己的工作能力，有一段时间，她几乎是夜以继日地工作着。俗话说：

心血和汗水绝不会白白付出。半年后，曾子墨用她惊人的工作效率和成绩，为公司创造了收益，使她很快得到上至公司老总、下至同事的认可。就连公司主要负责人也开始考虑重点招收中国职员，并断言说："相信其他的中国人，也会像子墨这样棒的！"这些变化让曾子墨觉得无比的骄傲和自豪。她之所以这么努力地工作，就是想向美国人证明：中国人可以做到最好，中华民族是优秀的民族，中国有无尽的精英人才。

后来，曾子墨因工作需要来到香港，工作上的接触让她对凤凰卫视有了初步的了解和认识。恰在此时，凤凰负责人向她发出了邀请，希望她能加盟凤凰卫视中文台。直到此时，曾子墨才开始认真思考自己的生活轨迹。

当年在达特茅斯大学的生活经历，造就了刚强的曾子墨，让她在取舍这方面有了丰富的经验。曾子墨经过几个小时的考虑后，做出一个大胆的选择：辞掉摩根士丹利投资银行的工作，加盟"凤凰"，做她心仪已久的媒体工作。于是，3个月后，优秀的曾子墨作为凤凰卫视的财经主播登上银幕，把自己的专业和兴趣完美地结合在了一起。

经历确实是一笔宝贵的财富。关键看我们如何在人生的道路上运用这笔财富。如果运用得好，就会得到人生的成功；反之，就会让自己碌碌无为地度过此生。作为一名女性，聪明的曾子墨因为出色地运用了在达特茅斯大学的经历，才让她收获了如此美丽的人生。

人生中，只有经历过一次次痛苦才能够珍惜一丝丝快乐，有过频频的失去才能够珍惜一丝丝的收获。人生的道路好短，身边的人都在为了责任、为了生存而奋斗。因为经历是一笔不可估价的财富。

有人说，苦难是一所学校，经历就是财富。在青春年少时，我们要用热情、激情，踌躇满志去拥抱生活，不怕生活和工作中的困难。

人生就像一场漫长的马拉松，一路奔跑下来，当年轻的脚步不再轻松，活跃的心绪变得凝重，驻足回首，才发现，我们所期望所追求的，竟是那样遥不可及。沿途我们错失了许多美丽的风景。

当你感觉抓不住飞逝的时光时，为何不把这些往事整理好，作为自己明天迎接新挑战的财富呢？

第七章

吐气如兰，知性女人把话说得恰到好处

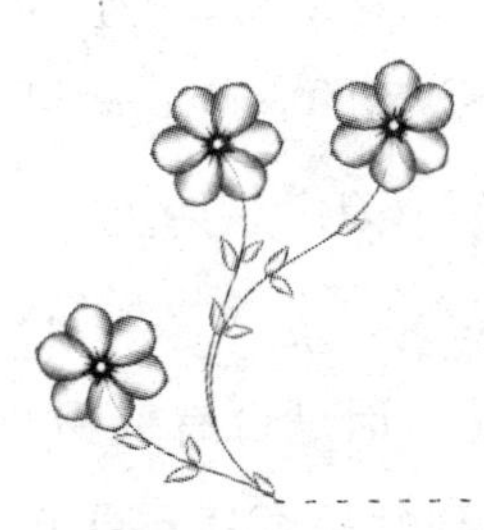

她可以直言曲达，把话说到别人的心窝里；她可以随机应变，应付突如其来的尴尬；她可以口吐莲花，把商品介绍得人见人爱；她可以妙语连珠，给人带来无穷的欢乐。

1. 同样的话，就看你怎么说

女人不仅要有一个内置齐全的化妆包，可以随时补妆，而且要在自己的心里放置一个很大的工具箱，平时说话的语言就是一个个零件，有不同的货号和大小。聪明可人的女人要化身成为一个零件组装大师，遇到什么情况用什么零件，见到什么人就说什么话。

多说话别人未必说你这女子聪明能干，少说话别人也未必当你是个闷头傻女子，女人说话多少不重要，关键看说什么、怎么说。不论何时何地都要看准菩萨烧香，看好对象说话。

在日常生活中，我们经常会遇到这样的情况：同样一句话，这个人说出来时别人很愿意听，而换成另一个人说，很多人不但不愿接受，而且还会产生反感。为什么会这样呢？这就是一个人说话的态度问题。无论说什么话，最重要的是说话的态度。如果态度好，即使对方与我们有不同看法，也不妨碍双方继续谈下去。而如果态度不好，再好的话也无法继续谈下去。

说话还要讲究技巧和分寸。一个女人所说的话是否有魅力，直接影响到她是否对对方具有吸引力，也关系到她是否具有良好的人缘，同时还影响到她能否自如地与别人说话，并表现出足够的自信。说话的内容，说话时的选词造句，说话的语气、语调，说话时的身姿、手势、表情等等，诸如此类的种种因素都可以反映出一个女人说话是否有魅力。

许多人把面子看得比什么都重。所以，会说话的女人在说服别人的时候，懂得给人留面子，在必要的时刻给对方一个台阶下。聪明的女人懂得如何不揭穿他人的谎言，免得使人下不了台。

一位顾客来到一家百货公司，要求退回一件外衣。她已经把衣服带回家并且穿过了，只是她丈夫不喜欢。她辩解说“绝没穿过”，要求退掉。

女售货员陈梅检查了外衣，发现有明显干洗过的痕迹。但是，直截了当地向顾客说明这一点，顾客是绝不会轻易承认的，因为她已经说过“绝没穿过”，而且精心伪装了没有穿过的痕迹。这样，双方可能会发生争执。

于是，机敏的陈梅说：“我很想知道是否你们家的某位成员把这件衣服错送到了干洗店去。我记得不久前我也发生过一件同样的事情，我把一件刚买的衣服和其他衣服一起堆放在沙发上，结果我丈夫没注意，把这件新衣服和一大堆脏衣服一股脑儿塞进了洗衣机。我怀疑你是否也遇到这种事情——因为这件衣服的确看得出已经被洗过的明显痕迹。不信的话，你可以跟其他衣服比一比。”顾客看了看证据知道无可辩驳，而陈梅又为她的错误准备好了借口，给了她一个台阶——说可能是她的某位家庭成员在没注意的情况下，把衣服送到了干洗店。于是顾客顺水推舟，乖乖地收起衣服走了。售货员陈梅的话说到顾客心里去了，使她不好意思再坚持。一场可能的争吵就这样避免了。

想做一个会说话的女人，除了要采用好的方式外，以下几点也是必须要注意的：

(1) 不说粗话

一直以来，我们都是要求女人在说话的时候一定要文雅，不能说粗话。但是现代的一些新新女性，为了追求男女之间处处享有平等，这些新新女性在人格特质和行为上都喜欢效仿男性，而男性在说话的时候常常会讲一些粗话，这也成了她们模仿的对象。于是在女性中出现了大量伶牙俐齿、牙尖嘴利的粗口一族。一个妩媚的女人如果讲出粗话来，就像一条天鹅绒的晚礼服上被酒鬼吐上了呕吐物一样，让人感到有种想要作呕的感觉。

身为女性，一定要远离这类话语。一句粗话会让一个穿着端庄、容貌秀丽的女士形象顷刻之间大打折扣，让人忘记了她所有美好的东西而只记住这句粗话。

(2) 避免口头禅

有时候，讲口头禅似乎没什么关系，但是为了不引起别人的反感，还是要避免那些冗长无味或意思重复的口头禅，如：“你明白我的意思吗？”“就是说……”“你说好不好？”“你知道吗？”

(3) 恰到好处地运用“谢谢”这个词

礼貌的用语会使你产生意想不到的魅力。但你说“谢”字必须是诚心诚意，并要让人感觉到这一点。道谢时要指名道姓并且直截了当，不要含糊不清，也不要不好意思。要养成找机会感谢别人的习惯，尤其当别人没有想到时，一句出人意料的真心的感谢，会让人满心欢喜。但要注意千万不要虚假客套，那样别人会感觉得出来，并且觉得不舒服的。

(4) 尽量避免讨论别人的短处

如果你不愿意别人随意揭你心里的伤疤，那么你也停止说别人的短处吧。

(5) 不要过分自夸

谁会喜欢一个夸夸其谈的女人呢？爱自我夸耀的人是找不到

真正的朋友的。赞美的话，若出自别人的口，那才有真正的价值。如果自己说过了头，别人会轻视你的。而且一般来说，人们总是对自己所经历的事情感兴趣，对与己无关的事不会太关心，因此在与别人交谈时，尽量少谈自己，不要喋喋不休地夸耀自己的工作、生活、孩子等等，除非双方都感兴趣，否则还是谈点儿别的话题为佳。

(6) 避免使用流行语

在交谈中避免使用那些流行用语，比如“哇”之类；避免使用那些网络用语，比如“偶”（我），“东东”（东西）等等。有些父母从孩子身上学到青少年所惯用的流行语，以为说了这些话就代表跟得上潮流，实则不然，毕竟年长者说着一口年轻人的流行语，既幼稚且有失身份。更别说一位举止优雅的女性，在社交场合使用这类词汇，只会让人觉得不伦不类。

(7) 善用身体语言

女人的身体语言通常都是最丰富的，你的表情、手势甚至无意中的动作，都会对别人产生作用，你要注意这一点并加以适当运用。一种表情、一个姿势、一声叹息等等，会说话的人常常会用其来代替难以说出的话或弥补语言的不足，表达难以言状的情感。但要注意恰到好处，过分了就成了矫揉造作、自作多情，那会让人反感的。

(8) 不要用鼻音词来表示意见

不要用“嗯”“哼”等鼻子发出的声音来表达个人意见的同意与否，这些音调虽然不是粗话，却是懒惰者的表现，会令谈话者有一种不受重视的感觉。

选择优雅的用词对女人来说很重要，它就如同一件漂亮的衣服，任何一个脏字或者不雅的词语都是往衣服上抹的一片黑，使你的美丽大打折扣。

(9) 善于了解对方的情感

只有在了解了对方的心理和情感的基础上，才有可能正确地选择该讲什么、不该讲什么，使对方与你产生共鸣，使说话的气氛变得轻松愉快。因此，我们在同别人谈话时，要根据对方的心理及时调整自己的心理和情感，注意自己的神态举止和措辞，让别人乐于听你讲话。做一个会说话的女人，并不是要你讲一些违心之言去巴结别人，对别人曲意逢迎、溜须拍马，而是要你用一种委婉的方式正确地表达自己，增进彼此的交流和沟通，营造和谐的人际关系。

2. 爱“抬杠”的女人讨人厌

有些人在与他人交往的时候，事事处处都要与人理论，而且非要赢了对方不可，这样的抬杠往往会给对方留下令人厌恶的印象。

爱抬杠的人一般表现为不给别人发言的机会，并经常对别人说的话发表不同意见，心理学家说这是一种自恋和逆反心理的表现。有自恋心理的人特别在乎自己的感觉，不会换位思考，更不会替他人着想，自己往往喜欢扮演一种救世主的姿态，觉得什么事都应该自己说了算，别人都应该听他的，好为人师。

爱抬杠的人往往都有比较好的口才，思维也比较活跃，他们与人交谈往往就像一场精彩的辩论。正如话说得精彩就有人愿意听，事办得好不一定能得到人的认同一样，一个会说话的女人会很讨人喜欢，但是一个爱抬杠的女人，则不见得会受欢迎。

而且，一个女人与人进行针锋相对的唇枪舌剑，遇到同样爱抬杠的人，就很容易演变为胡搅蛮缠的诡辩、指责，甚至进行人身攻击，闹得不欢而散，大伤感情。

莉莉是个伶牙俐齿的女人，从事律师行业多年，她凭借着自己一张三寸不烂之舌，为自己的当事人打赢了不少官司，也让她在律师这个行业中拥有了响当当的名声。事业有成的她最失败的事却是喜欢把法律带到家庭生活中去，和老公经常从辩论发展为抬杠，导致夫妻生活充满火药味。

“老公，今天我又代理了一起强奸案件，为犯罪嫌疑人辩护。”莉莉和老公共进晚餐时说。

当老师的老公翻着白眼：“居然为这样的人辩护？不知道你是怎么想的!”

莉莉：“法庭指派。最大限度地维护当事人的权益，是律师的职责。”

老公：“强奸犯还有资格奢谈权益?”

莉莉：“我认为我的当事人并没有实施强奸行为，他是个电梯工。案发当天下午3点左右，他和‘受害人’在电梯里谈好价钱(对方其实是个妓女)，约好晚上10点半在单位附近的小树林见。性关系发生后，‘受害人’额外索要费用100元，遭到拒绝后报警，诬陷他强奸。”

老公：“结果如何?”

莉莉：“法庭最终对检察机关的指控不予支持，判强奸罪不成立!”

老公："你有证据吗？"

莉莉微微一笑，不屑地说："这你就不懂了，原则上是谁主张谁举证，我无举证责任。你应该好好学习法律再来和我讨论。"

老公自尊受伤害了："嫖妓就是犯罪，三岁孩子都知道国家在扫黄，你们学法律的人根本没有道德可言！"

莉莉笑道："你错了，嫖妓只是一般违法。再说，就算是犯罪，跟此案有什么关系？我们辩论的是强奸。"

老公冲动地说："怪不得有人说律师和罪犯一样不是好东西！明知人家有罪还替人辩护！"

莉莉有点激动了："这只能说明你是个法盲！"

老公发怒了："法盲总比流氓好，你也不是什么好东西！"

莉莉不屑地说："我认为不懂法的人应该谦虚一点，你在他人面前说这样的话会让人笑掉大牙的！亏你还是当老师的，怎么教你的学生啊?!"

老公气急了大吼："强奸犯是流氓，可你们这些当律师的是流氓中的流氓！亏你还是个女的！"

由此可见，爱抬杠较劲并非是一件好事，本是一些鸡毛蒜皮的小事，说到最后竟引发了夫妻间的矛盾，何苦呢？与家人发生不快，也许隔不了多久事过境迁也就忘了，但若与邻里、与同事、与朋友相处也爱这般较劲，那给你的人际关系带来的负面影响是不言自明的了。

在这个和平年代，占据我们生命的大多数都是平淡无奇的琐碎。也许很多时候，并不是你要跟人抬杠，却总有喜欢抬杠的人为了排遣自己的积郁和释放自己的牢骚而跟你较劲，硬要把你的正确言论指责为错误，遇到这样的情况，最好的办法就是点一下头表示赞同即可。因为一个爱抬杠的人，你不去驳斥他的观点，就是给他颜面；如果你跟他抬杠，那只能说明你也跟爱抬杠的人一样无聊。

因为人与人之间总是存在着各种差异，出现矛盾也是在所难免的。喜欢凡事都要与别人争个对错的人，总有不分上下誓不罢休的架势，但结果却落得个没人缘的下场，事情往往也办砸了。聪明的人都懂得求同存异，在小矛盾中忍让一步，不与人发生口角，这样就会更容易获得朋友，生活也会快乐许多。

西方有一位哲人说过："一个人所有器官中最难管教的就是自己的一张不停地说话的嘴。"对于女人来说尤其如此，逞一时口舌之快，也许能为你带来短暂的快意，但也会给你的生活留下长久的隐患。而一个喜欢和别人抬杠较劲的女人，肯定不是一个可爱的女人。

3. 避免用让人反感的谈话方式

好口才的女人是受欢迎并吸引人的，但这并不是说一个女人可以随时随地兴致勃勃地高谈阔论。大多数时候，女人总是想通过密切的交谈与男人进行感情交流，从而能与男人保持密切的关系，却不知不恰当的方式反而会让他离自己越来越远。

齐瑞尔·克朗曾说："男人和女人的交流方式有所不同，女人的谈话比较感性，是真实情感的流露，而男人的谈话却趋向于实际。所以，女人不要勉强男人跟你的想法一致。"

洪英是个全职太太，由于还没有生孩子，老公天天工作，自己一个人待在家中感觉非常无聊。所以每天她最盼望的事就是老公能早一点回家，然后陪她好好说话。每天，当老公拖着疲惫的身体回到家中后，洪英就不停地向他发问。比如“今天工作如何”啦、“单位有什么开心的事”啦、“什么时候可以加薪”啦之类的问题。刚开始的时候，老公都会耐着性子一一作答，问的次数多了，他就有点敷衍了事。洪英说：“有时候老公回到家，打开电视，就处于半休眠状态。有一次，我竭力想跟他说话，他却似乎不认识我，我简直惊呆了。我们之间出了什么问题吗？难道他这么快就不喜欢我了吗？”洪英对此感到非常难过。

其实，洪英没有发现，这并不是他们之间的感情出现了什么问题，也并不是老公不喜欢和她说话了。如果她能让老公安静地待上一个小时左右，老公就会主动给她讲他工作中发生的事情，这样他们就有话可谈了。可是洪英每次都是这样迫不及待地追问，令老公感觉没有喘息的时间，所以对谈话慢慢地失去了兴趣。

为了避免不当的谈话方式引起丈夫反感，在谈话时应该注意些什么呢？

（1）下班后，不要仍然追问他的工作情况

女人以为下班后聊天是与男人增进感情的一个好方式，但男人却愿意只是与你在一起享受无言的宁静与温馨。若有正事要谈，那么就给他时间让他平静下来，等到他恢复谈话状态再进行。

（2）说话时，不要死盯着他的眼睛

大自然中有这样一个现象：如果你直直地盯着一只动物的眼睛，它可能会以为你有敌意而避开你，甚至会扑上来咬你。男人的反应也大致如此。男人在谈话时如果有人盯着他，会让他们局促不安，难以放松。

(3) 不要期望进行长时间的交谈

女人用谈话作为两人关系的柔和剂，她们对男人无所不谈以求关系密切。而男人则喜欢有既定目的的谈话。所以当你进入闲聊状态时，他就会尽力找借口中止你们的谈话。

(4) 不要企图通过不断提及你俩的关系来保持两人关系的热度

世上所有的女人都会在不同场合问身边的男友：“我们的关系好吗？你爱我吗？”但是，不断逼问男友类似的问题，会令他离你远去，女人总是在不断提到她与男友的关系时，才感到两人的关系正常与和谐，而男人则恰恰相反，如果他认为两人关系正常，就不会提及它。

(5) 不要太诚实

如果你意外地收到前任男友的短信，表达了失去你的后悔之情，并希望能够重新和好，等你略带伤感却又坚决回绝了他的要求之后，考虑再三，你仍然认为作为一个诚实的伴侣，你有责任把这一切告诉现在的男友。如果你这样做的话，那就大错特错了。虽然说诚实和信任是维护两人关系的基础，但有时你最好放弃“不告诉他会伤害他”的这种观念。

(6) 不要用沉默来惩罚他

女人利用沉默战术是因为她们认为在两人关系中男人多数处于主动地位，让他向你主动认错会使你感觉被重视。但是，这样做简直是对牛弹琴。而且即使你的行为非常明显，最木讷的男人都能看出你的意图时，他可能仍然一声不吭。因为男人认为“沉默战术是一种无声的控制行为”。

当你感觉到你们之间在疏远，而你还在努力寻找“共同语言”

的时候，先不妨审视一下自己是不是发挥得太多了，而让他没有开口的机会。男人的沟通方式是不同于女人的，如果你只是单纯地从女人的角度出发，那么就很有可能在无意之中破坏了你们之间的谈话氛围。

4. 说话要抓住关键，紧扣主题

善于操纵谈话局面、懂得把握说话技巧的女人，在处理事情时，能够把握好问题的关键，一语击中要害。这一点如果在关键处能发挥得恰到好处，就可以帮助你成就大事。

现实生活中大多数人愿意穷其一生去学习科学、文学和其他知识，却忽视了语言表达能力的训练和提高，这常常使他们显得木讷而呆板。有些人也许在自己的专业领域造诣很高，但在社交场合却羞于开口，沉默不语，像一个无足轻重的人。看到那些才能不及自己十分之一的人，在公众场合滔滔不绝，畅所欲言，而自己却静静地坐在一旁，抓不住关键不知道说什么，只有洗耳恭听的份儿，还有比这更令人沮丧的吗？

汉代著名的丞相萧何，有一次请求汉高祖刘邦将上林苑中的大片空地让给老百姓耕种。上林苑是供皇帝游玩、嬉戏、打猎、消遣的园林。刘邦一听萧丞相居然要缩减自己的园林，认为萧何一定是接受了老百姓的大量钱财，才这样为他们说话办事的，不禁勃然大怒。于是下令把萧何逮捕入狱，同时审查治罪。当时廷尉为讨好皇上，只要皇上认定某人有罪，廷尉官不惜用大刑使犯人服罪。

就在这紧要关头，旁边一位姓王的侍卫官上前劝告刘邦说："陛下还记得原来与项羽抗争以及后来铲除叛军的时候吗？那几年，皇上在外亲自带兵讨伐，只有丞相一个人驻守关中，关中的百姓非常拥戴丞相，假如丞相稍有利己之心，那么关中之地早不是陛下的了。您认为，丞相会在一个可谋大利的情况下而不谋，反而会贪占百姓和商人的一点小利吗？"简单几句话，句句击中要害。刘邦深有感触，认识到自己的鲁莽，对不起丞相的一片诚心，感到非常惭愧，于是当天便下令赦免萧何。

汉代的另一位开国元勋周勃，曾经帮助汉室铲除吕后爪牙，迎立汉文帝，有定策安邦的大功。可后来当他罢相回到自己的封地后，一些素来忌恨周勃的奸伪小人便趁机向汉文帝诬告周勃图谋造反。汉文帝竟然也相信了，急忙下令廷尉将周勃逮捕入狱，追查治罪。按汉代当时的法律，凡是图谋造反者，不但本人要处死，而且要灭家诛族。

就在周勃大祸临头的时候，薄太后出来劝文帝说："皇上，周勃谋反的最佳时机是您未即位时，当时传国玉玺在他手上，而且他还统率着主力部队，但是周勃一心忠于汉室，帮助汉室消灭了企图篡权的吕氏势力，把玉玺交给了陛下。现在他罢相回到自己的小小封国里居住，怎么反而在这个时候想起谋反呢？"听了这话，文帝所有的疑虑都没了，并立即下令赦免了周勃。

谈话如果抓不住重点、拐弯抹角、不着边际，容易让人厌倦。假如与一个说话不着边际、洋洋万言却一句话也切不中要害的人谈业务，他人肯定会疲惫不堪，甚至会感到厌烦和恼火。

现实生活中就有一种女人，你永远也不知道她想说什么，她总是在问题的周围绕来绕去，却不触及问题的实质。她们的思想前后衔接不起来，让人无法理清他们的思路。说话如此不着要点，让人无法忍受。

而在生活中，人们都不喜欢和说话拐弯抹角、没有主题的人打交道。因为这种人会使人失去耐心，即便你多次看手表提示时间，他们好像都视而不见，话说出口似乎没有结束的时候，这样的人很难讨人喜欢。

这种习惯对事业的发展有严重影响，是成功的绊脚石。凡是工作效率高、管理才能出众的女人，无不说话简洁、利落、主题明确。人们喜欢和这样的女人做朋友，而她们恰恰也是事业有成、口碑极好的人。如果只是简简单单地通电话，她们不会有多余的问候和致谢，而是三言两语，直奔主题，言简意赅。这样既办完了事，又没有占用别人太多的时间。

抓住说话的重点，是每一个想要成功的女人都必须修炼的一门功课。短短几句切中要害的话，也许就可以成就一个人的未来。

5. 幽默的女人更有人气

聪明的人不一定幽默，但幽默的人一定聪明。不懂得开玩笑的女人，是不会生活的、没有希望的人。

美国著名作家阿加莎·克里斯蒂同比她小13岁的考古学家马克斯·马温洛结婚后，有人问她为什么要嫁给一个考古学家，她幽默地说："对于任何女人来说，考古学家是最好的丈夫。因为妻子越老他就越爱她。"这一巧妙的解释，既体现了克里斯蒂的幽默感，又说明了他们夫妻关系的和谐。

英国思想家培根说过："善谈者必善幽默。"幽默的女人魅力就在于，话不需直说，却能让人通过曲折含蓄的表达方式心领神会。第二次世界大战结束后，英国女王伊丽莎白到美国访问。当记者问她对美国的印象时，女王回答道："报纸太厚，厕纸太薄。"一句话让记者们哄堂大笑。但笑过之后，人们发现伊丽莎白女王的话意味深长。幽默不仅是女人的说话技巧，更是女人的一种智慧，这种智慧中蕴涵着一种宽容、谅解以及灵活的人生姿态。

幽默往往是女人有知识、有修养的表现，是一种高雅的风度。大凡善于幽默言谈者，大多也是知识渊博、辩才杰出、思维敏捷的人。她们非常注意有趣的事物，懂得开玩笑的场合，善于因人、因事而开不同的玩笑，令人耳目一新。

艾伦和安娜是一对刚结婚不久的小夫妻，两个人身上的棱角还没有被磨平，依然由着自己的性子互不相让，总是小吵小闹。

一天傍晚，丈夫艾伦打开电视机要看球赛，安娜立刻挡在电视机前，大喊："不许看，你都连续看了好几天的球赛了，该陪我一天了吧。"说着便关上了电视。

艾伦原本挂着笑容的脸骤然色变，也忍不住对安娜大喊："你这是胡闹，我爱看什么用你管？你爱干吗干吗去，快给我闪开！"艾伦的言辞的确有些过分，这让安娜备受打击，甚至开始认为艾伦不爱他了。

安娜转身离开，艾伦接着看自己的电视。

当时的电视正在报道世界杯赛况，画面里一个南非的清洁工正在清理场地。这时，安娜灵机一动，走过去对艾伦说："你快看啊，他们在清理场地哎，你知道吗？那些牙齿可不好找了呢，看他多认真！"开始艾伦没有反应过来，明白后随即哈哈大笑起来。

就这样，一个小幽默化解了夫妻间的小矛盾，两人有说有笑地一起看着世界杯，恢复了以往的甜蜜。

说话幽默的女人，对于生活的态度总是积极向上的，对于自身也是充满力量和自信的。因为只有内心满怀希望，才能由衷地发出笑声、彰显魅力。跟这样的女人在一起是轻松的、快乐的、有情调的。

幽默是一种真正的生活智慧，是经历了动荡和挫折依然保持的一种达观、积极、决不轻言放弃的人生态度，既不自怜自艾，也不妄自菲薄，现代女性的魅力往往因此而生。一个懂得幽默的女子往往看上去会更加性感，因为这意味着她聪明、善解风情，并且还有勇敢的自嘲精神。

幽默可以使女人在交际场上压倒别人，还可以缓解沉闷紧张的气氛，使大家拥有一个快乐、融洽、亲切、祥和的氛围。幽默是上天赐予女人的美丽法宝，不仅能传递出她们心理的欢愉，也是她们赠送给世界的一份美好礼物，可以让身边所有的人保持愉快心境的同时，也深深折服于女人的美丽智慧。

如果，一个女人很聪明，说明她很有智慧；如果，一个女人吸引别人，说明她很有魅力；如果一个女人很有人气，那么她很有可能是有幽默感的。而这样的女人无疑是最有气质的，她幽默的话语不仅可以让异性折服，也可以让同性乐意和自己交往。

蔚蓝是个很幽默的女人，她常常一两句话就可以让大家笑上很久。也就是因为这样，她的身边总是有很多的朋友。

一次，几个朋友约好了要去看望高中时候的班主任。可是大家在外面等了好久，一直换衣服的蔚蓝一直都没有出来，足足有半个小时后，她出来了。“磨叽什么呢，不知道我们都在等你吗?”蔚蓝看到大家明显不高兴了，于是就苦着脸说：“我的衣服又瘦了，对不起啦，改天把衣服喂胖点好了。”

当她把这句话说完的时候，大家都笑了，而且刚才还在埋怨她的人也觉她很有趣。于是，大家一起高兴地去看班主任了。

生活中，大家都愿意和有幽默感的女人交谈。因为，有幽默感的女人会让别人感觉到亲切，交流的时候可以很快乐而没有拘束感。懂得适时幽默的女性，在交际的过程中所散发出来的智慧让他人情不自禁地向她靠拢。卡耐基认为，女人可以没有魔鬼的身材、华丽的装束，只要她善于用幽默的语言说话，也可以成为人群中的焦点。

善于创造幽默的女性，就算没有在职场中如鱼得水，或者在生活中左右逢源，都能笑对人生，保持一份有人气的气质。

许多人认为幽默是上帝赋予的先天能力，后天无法获得。其实，幽默是可以学习的。生活中幽默无处不在，你得睁大眼睛、竖起耳朵，去观察、去聆听。当你有足够的技巧和用创造性的新意去表现你的幽默时，你就会发现不但自己置身于幽默世界中，人际关系也因此顺畅起来了。

6. 请积极地赞美别人

赞美之于人心，如阳光之于万物。在我们的生活中，人人需要赞美，人人喜爱赞美。这绝不是虚荣的表现，而是渴求上进，寻求理解、支持与鼓励的表现。爱听赞美，出于人的自尊需要，是一种正常的心理需求。经常听到真诚的赞美，如同自身的价值获得了社会的肯定，有助于增强自尊心、自信心。

马克·吐温曾说过：“只要一句赞美的话，我就可以充实地活上两个月。”喜欢被他人赞美是人的天性之一。当我们听到别人对自己的赞赏，并感到愉悦时，不免会对说话者产生亲切感，从而缩短彼此之间的心理距离，人与人之间的融洽关系就是从此时开始建立的。

如果我们每次见面都被人夸赞，自然而然地会想再见到这位赞美我们的人，这是任何人都会有的心理。因此，每次见面都找出对方的一个优点来赞美，可以很快地拉近彼此间的距离。

法国总统戴高乐1960年访问美国时，在一次尼克松为他举行的宴会上，尼克松夫人费了很大的劲布置了一个美观的鲜花展台——在一张马蹄形的桌子中央，鲜艳夺目的热带鲜花衬托着一个精致的喷泉。

精明的戴高乐将军一眼就看出这是女主人为了欢迎他而精心设计制作的，不禁脱口称赞道：“女主人为举行一次正式宴会一定花费了很多时间来进行这么漂亮、雅致的计划和布置。”尼克松夫人听了十分高兴。

事后，尼克松夫人也夸赞戴高乐说：“大多数来访的大人物要么不加注意，要么不屑为此向女主人道谢，而他总是想到和讲到别人。”

在以后的岁月中，不论两国之间发生什么事，尼克松夫人始终对戴高乐将军保持着非常好的印象。

可见，一句简单的赞美的话，会带来多么美好的事情。

卡耐基不止一次地说过：赞美他人是一种良好的修养和明智的行为。赞美是人际交往中最便宜的“投资”，它投入少、回报大，是一种非常符合经济原则的行为方式。赞美领导，会让领导更加赏识与重用你；赞美同事，能够联络感情，使彼此愉快地合作；赞美下属，能使得下属更积极地工作；赞美商业伙伴，能赢得更多的合作机会；赞美男友或丈夫，能使两人感情更加甜蜜；赞美朋友，能赢得崇高的友谊。

人人皆有可赞美之处，只不过每个人的长处有大有小、有多有少、有隐有显罢了。只要你细心，就能随时发现别人身上的“闪光点”。

罗琳是一位公务员，她每年都会应邀参加本地发行量最大的杂志的评定工作，虽然报酬不多，但是能被邀请本身就是一件荣耀的事情。很多人都想参加，但是找不到门路，也有的人仅参加了一两次。但是罗琳却很幸运，这让很多人都很羡慕。

等罗琳退休的时候，有人问她有什么奥秘时，她微笑着向人们揭开了谜底。罗琳说，她的专业眼光和职位并不是每次都能入选的关键，她之所以每年都能被邀请，是因为她懂得赞美他人。

她说，在公开的评审会议上一定要把握一个原则：多称赞而少批评。但是在私下，她会找来杂志的编辑人员，告诉他们工作中存在的一些缺点。这样一来，编辑人员在她的巧妙评定下，每个人都保住了面子。因此，罗琳受到大家的普遍欢迎，主办方和杂志方都很满意。

我们可以看到，罗琳在公开表扬之后还会巧妙地指出别人的失误，使得她受到大家的欢迎。

人人都有爱听好话的心理，即使明知道别人说的是奉承话，心里也免不了会沾沾自喜，这是人性的弱点。一个人听到别人对自己的赞美后，一定不会感到厌恶，除非对方说得太离谱了。赞美的魅力是无穷的，但是，最有效的赞美其实是在背后赞美他人。

背后赞美他人要比当面恭维他人效果好。你完全不用担心你所赞美的人会听不到你的赞美，相反，你对对方的赞美，很容易就会传到对方的耳朵里，对方也会因此对你产生好感。

背后赞美他人不会让你沾上奉承的色彩，你的这种赞美是发自内心的，是诚恳的，会更容易让人相信和接受。

赞美必须是发自内心的，如果只是为了讨好对方或出于某种动机而对他人说些好听的话，那么将不会得到好的效果，甚至会引起对方的反感。

赞美必须实事求是。比如对漂亮的女孩，可以称赞她美丽；对于不漂亮的女孩，可以称赞她优雅大方；如果一个女孩既不漂亮又缺少些气质，可以称赞她可爱；如果一个女孩并不可爱，则可以称赞她聪明伶俐……

归根结底，赞美艺术的根源在于：人们喜欢赞美他们的人，不喜欢反对他们的人。

另外，要懂得欣赏周围的人和物，即赞美之前首先要了解对方的优点，否则，赞美就会变得僵硬，不真实。

从今以后，请积极地赞美别人吧！大胆地把你的大拇指伸出来赞美别人，只要你懂得并善于运用赞美的艺术，你就会成为一个受欢迎的人。

7. 静一静，去耐心倾听别人的心声

在西方有这样一句流行的谚语：上帝给我们两只耳朵，却只给了一张嘴巴，其用意是要我们少说多听。

我们知道，人们往往对自己的事更感兴趣，对自己的问题更在乎，更喜欢自我表现。一旦有人专心倾听我们谈论自己，我们就会感到自己被重视、被尊重、被理解。听话者的态度会直接影响说话者的兴趣。假如你是一个说话者，而你的交流者没耐心听你讲话，或者把你的话当耳边风、随便敷衍，你会感觉良好吗？相反，如果对方相当重视你的谈话，你肯定更容易和对方交流。

美国演员阿丽恩·弗朗西斯曾主持“我是做什么的？”这一电视节目。主持人请来一位观众，向他提出问题，然后从中猜出他的职业。该节目办了25年。刚开始办时，阿丽恩对怎样提出生动有趣的问题不得要领，后来她的丈夫对她说：“看你们的节目时，我感到你不能傻等在那里只想提问，而应细心倾听别人在讲什么。最关键的是，你要学会积极主动地倾听。”

阿丽恩接受了丈夫的建议，她说："这的确是个有效的方法，通过悉心品味他们的谈话，我变得精于此道了。此后，耐心倾听成了我职业的主要内容。"

阿丽恩认为，倾听的作用决不仅仅是获得信息，还是与你周围人们友好相处的一个途径。她从一个70多岁的老妇人身上也感受到了这一点。

阿丽恩经常在一个杂货店遇到一位老妇人。她深色的双眼充满了戒备和渴望。但当她见到阿丽恩时，总是喋喋不休，唠叨个没完。有时阿丽恩碰到自己心情不好时，都不得不耐着性子听下去。

"我要去阿肯色了，"一天，老妇人对阿丽恩说，"那里春季的高温气候对我的关节炎有好处。不过我会很快回来的，免得你惦念。"

"只有您一个人去吗？"阿丽恩问道。

"对，只有我一个人。"她说，"我是个孤老婆子，独居很久了。可我遇到了许多像你这样的好人，他们愿意听我唠叨。"

阿丽恩意识到，她就是用无处不与人交谈来充实自己晚年枯燥的生活的。聆听的耳朵就是她的需求，"我的耳朵不仅仅属于我自己"。从那以后，阿丽恩在与陌生人打交道时，都尽力让自己积极耐心地倾听。

卡耐基说："做个听众往往比做一个演讲者更重要。专心听他人讲话，是我们给予他的最大尊重、呵护和赞美。"每个人都认为自己的声音是最重要的、最动听的，并且每个人都有迫不及待地表达自己的愿望。在这种情况下，友善的倾听者自然成为最受欢迎的人。

世上许多人之所以不能给人留下良好的印象，正是因为他们不能耐心地做一个很好的听众。所以，如果要别人喜欢你，那么首先做个好听众。

经朋友介绍，重型汽车推销员乔治去拜访一位曾经买过他们公司汽车的商人。见面时，乔治照例先递上自己的名片："您好，我是重型汽车公司的推销员，我叫……"

才说了不到几个字，该顾客就以十分严厉的口气打断了乔治的话，并开始抱怨当初买车时的种种不快，例如服务态度不好、报价不实、内装及配备不对、交接车的时间等待得过久……

顾客在喋喋不休地数落着乔治的公司及当初提供服务的推销员，乔治只好静静地站在一旁，认真地听着，一句话也不敢说。

终于，那位顾客把以前所有的怨气都一股脑地吐光了。当他稍微喘息了一下时，方才发现，眼前的这个推销员好像很陌生。于是，他便有点不好意思地对乔治说："小伙子，你贵姓呀，现在有没有一些好一点的车型，拿一份目录来给我看看，给我介绍介绍吧。"

当乔治离开时，已经兴奋得几乎想跳起来，因为他的手上拿着两台重型汽车的订单。

从乔治拿出产品目录到那位顾客决定购买，整个过程中，乔治说的话加起来都不超过10句。重型汽车交易拍板的关键由那位顾客道出来了，他说："我是看到你非常实在、有诚意又很尊重我，所以我才向你买车的。"

因此，在适当的时候，让我们的嘴巴休息一下吧，多听听对方的话。当我们满足了对方被尊重的感觉时，我们也会因此而获益的。

卡耐基说："倾听是对他人最好的恭维，是一种尊重、一份理解，是心与心的交流，是情感与情感的互动。"学会倾听，你才能将自己打造成为人生的智者。在人与人的交往中，每个人都希望别人能倾听自己说话，这是人的一种心理诉求。如果一个人在交际中一直以自我为中心，滔滔不绝地谈论自己，就会让人感到乏味和厌倦。

倾听是一种修养，是一项技巧，是一门沟通的艺术。在生活中，做个听众往往比做一个演讲者更重要。专心倾听一个人讲话是给予他的最大尊重、呵护和赞美。每个渴望事业有成的女性朋友都应该学会倾听。因此，女人们请让自己浮躁的心静一静，去耐心倾听别人的心声，并让倾听成为你化解问题、结交朋友的最有效武器吧。

第八章

从容地爱，别让爱情输给了生活

从容，它没有形状，没有定势，是润物细无声的诱惑，是若隐若现的美景，是朝思暮想的探究，是以少胜多的智慧。

1. 既能站在男人身后，又能站在男人身边

男人的双臂是男人最神圣的地方，他就是为自己心爱的女人而生。女人累了，可以在男人坚实的臂膀上靠一靠；女人苦了，可以在男人温暖的臂弯里撒撒娇；女人有了悲哀委屈，可以在男人宽大的怀抱中尽情地哭、尽情地倾诉，泄尽心中的郁闷、压抑和忧伤。总之，男人可以用双臂为心爱的女人圈起一个无风的世界。

然而，有些看似强大的东西，往往是人为“架”上去的。千百年来，男人就一直被贴上“强大”的标签。于是，就算他们身心疲惫，不堪重负，也要骄傲地站着，苦苦地硬撑。因为他们被人为地挂上了“顶天立地”“撑起一片天”的头衔，背上了“男儿有泪不轻弹”的牌子。其实，他们也有脆弱的时候，只是一直不敢承认，或是不愿意承认而已。他们总觉得，如果在他人面前，或是在一个女人面前，表现出自己的脆弱，那是一种懦弱的表现。

这个时候，就需要女人发挥自己的聪明和敏锐了。当男人背负着巨大的生活压力，或是当他事业遭遇低谷的时候，你一定要及时地发现他的变化，适当地给以心灵上的安慰，让他感觉自己不是在孤单奋战，让他的心能够暂时得到休息，平静下来，然后再整装出发，为你们的幸福继续奋斗。

约瑟夫先生在洗衣店做了25年的送货员，这25年间，他工作

表现还算不错，薪水也不低。家里可以靠他一个人的薪水生活，所以约瑟夫夫人就在家里料理家务，照顾孩子。

可是金融危机来了，约瑟夫工作的洗衣店受到影响，他被解雇了。这个家唯一的经济来源突然断了，对于约瑟夫来说，不仅生活受到冲击，心理上也受到了打击。工作25年后失业，接下来该怎么办呢？自己没有了工作，太太和孩子要怎么生活呢？他们还要依靠我。约瑟夫先生越想压力越大，结果大病了一场。

约瑟夫夫人原本是一个温柔安静的女人，她没有出去工作过，人际交往不多，大家都认为这个家庭的一家之主倒下了，日子肯定过不下去了。

这时，约瑟夫夫人得知有一家面包店想转让，价钱又不是很高，但是即使这样也要花光约瑟夫一家所有的积蓄才能把这个面包店盘下来。约瑟夫夫人觉得这是个机会，如果家里人想继续生活下去，就必须要改善目前的窘境；如果找不到工作，那就干脆自己开店。

约瑟夫夫人很能干，她像料理自己的家一样装点小店，每天做完家务就来店里为约瑟夫先生帮忙，经常要一站就是十几个小时。很多女人面对这样的生活变故，一定很难接受，可是约瑟夫夫人陪着她的丈夫坚持了下来。5年过后，他们的小店经营得有声有色，业务也很多，生意特别好，可以轻松地应付所有的开支。

约瑟夫先生感叹："我们为能够凭借自己的努力重新站住脚而感到十分骄傲，而更令我骄傲的是，我的太太在最艰难的时刻帮我做出了这么明智的选择。"

所有人都称赞约瑟夫夫人的坚强，她没有在丈夫失业后大加指责，抱怨生活，而是一声不响地为这个家找到了新的出路。

不是所有女人都能像约瑟夫夫人那样，能够在丈夫失业时站到丈夫身边，帮助他做一些力所能及的事情的。许多女人不愿意去做这些，她们认为，无论何时，丈夫都应该承担起家庭责任，即使丈夫被压垮了，女人也坐视不管。这样的家庭关系只会日益紧张，甚至会使婚姻关系破裂。

卡耐基的夫人桃乐丝说："一个在关键时刻能够给男人以支持和帮助的女人，散发出来的魅力是无限的。"

每个成功的男人都希望自己的身后站着一个伟大的女人，那是他们走向成功之路的基石。而且，这个女人的伟大，一定要表现得既低调又坚强。能让一个男人无后顾之忧的女人，肯定不会事事拿不了主意，毫无主张。这个女人也一定不会嚣张跋扈、刻薄刁钻得让男人想起就头疼，更不会是让男人不想回家面对的人。

所以，男人心目中最理想的伴侣，对自己最有吸引力的女人，便是那个既能站在自己身后默默陪伴，又能站在自己身边和自己同甘共苦的女人。这样的女人，低调时温柔似水，坚强时坚定似山，外柔内刚，无论何时都能扮演好自己的角色。

阿成是个年轻有为的男人，凭着自己的聪明才智，在金融业小有名气。事业有成的他，生活得很幸福，因为家里有个贤妻，还有个可爱的孩子。

他有高超的炒股手段，私下联合几个财团拉抬一些股票获利，赚了很多钱。然而，股市有风险，它可以让人一夜暴富，也可以让人输得很惨。在经过了事业的高峰之后，好运不再与他相伴，他炒作的股票价位急转直下，一夜之间他不仅破产，还背负了几千万的债。如此沉重的债务，击垮了他所有的信心，他也失去了活下去的勇气。于是，他想用跳楼来结束自己的生命。

那天，天空依然晴朗，然而阿成的心里却充满阴霾。他拖着疲惫的身子回到家中，妻子正在厨房做饭，厨房里飘出排骨的香味，妻子一定又在做自己最喜欢吃的红烧排骨。女儿看他回来高兴地叫着爸爸，然后向他扑来。他的心里涌起一阵温暖，很快又化成一阵酸楚。他强作欢颜地和女儿玩了起来，他想快乐地和女儿度过最后的时光。

吃过饭后，他看着毫不知情的妻子，不知道怎样向她们告别："我要出一趟远门，没有我的日子里，你要好好照顾自己和女儿，这个家就交给你了。"他鼓足勇气向妻子说。当时的他喉咙里就像卡着一根鱼刺似的难受。

没有想到的是，妻子却在这个时候抱住了他，柔声说道："今天早上的报纸我都看见了，你不用瞒我了。钱没了，那算什么呢？不管有什么困难，我们夫妻俩都可以一起度过，最重要的是活下来才有希望，你不可以这样不负责任地把这个家交给我，没有你，我挑不起这么沉重的负担。"

阿成听了妻子的话热泪盈眶。原来，不管外面有多少风雨，家永远是那么温暖。阿成依偎在妻子的怀里痛哭起来，像个受伤的孩子。妻子温柔地抱住他，轻轻地拍着他的背。渐渐地，他从号啕大哭转为轻声抽泣，慢慢平静下来。哭完之后，他打消了轻生的念头。

接下来的几年里，阿成和老婆一起重新打拼，拼命地工作，不仅还清了所有的债务，还让自己的事业又有了起色。

男人的失败是不愿意说出来的，一是怕妻子担心，二是怕有损好不容易树立起来的男子汉形象。其实，男人不管在外面如何叱咤风云，一旦他失意，他永远需要女人的关怀和支持。就像阿成一样，他本不愿说出自己的失败，即使脆弱到失去活下去的勇气。如果阿成的妻子在他如此脆弱的时候，没有细心地发现他的反常，并及时地给予他支持和安慰，阿成恐怕早已经粉身碎骨，哪还有后来的辉煌。

在很多人眼里，女人似乎生来就贴着一个“柔弱”的标签，好像除了做做家务，什么都不会。在工作中也是这样，很多人都认为女人只能留守在办公室里，帮男同事打打下手，别的工作好像什么都做不了。事实上，很多看起来很柔弱的女性，内心很坚强。刚柔并济，这才是对她们的最佳定义。

对男人最有吸引力的女人，低调时温柔似水，坚强时坚定似山，外柔内刚，无论何时都能扮演好自己的角色。

在男人失意的时候，给他一声问候、一点关怀、一点宽容和理解，就等于给了他继续拼搏的勇气和信心。在男人面临进退两难的抉择时，收起一贯的娇宠，用自己的知识和思维，和他冷静地探讨，为他出谋划策。他会明白，在前进的道路上，还有你陪着他。

如果你是一个聪明的女人，那么，请让自己的心思变得更加细致，细心地体味丈夫心中的苦与乐，及时地给予他贴心的安慰。这样他才能完全信赖你，一辈子对你不离不弃，把你当成他心中永远的家。

2. 别以爱之名去改造他

尽管有的妻子一再向丈夫强调“改变丈夫是出自善意”，但还是很难避免婚姻产生问题。

首先，家庭中将出现紧张气氛，妻子因为太在乎丈夫的过错而精神紧张，一旦丈夫坚持不愿意改变时，妻子将加倍紧张激动。有时，这种紧张的感觉连成长中的子女也会感染到。男人常常十分自傲，试图改变他，将于无意中伤及他的自尊心。丈夫宁愿你多发掘他的长处，不要牢记他的缺点。而男人每天的精神食粮是“妻子的崇拜”，你对丈夫的尊敬，才能使他感到快乐。如果丈夫不愿接受你的建议，你会觉得丈夫不再爱你，对于婚姻不再有安全感。

有些妻子强迫丈夫改变现状，使他喘不过气来，于是，他宁可逗留办公室或游乐场所也不愿意回家。更严重的情况是，妻子和丈夫之间会渐渐无话可说，不能进一步沟通，即使共处同一屋檐下，也不说一句话，妻子这时会感觉丈夫冷落了自己。

所以做妻子的，该想一想“改变丈夫”是否比“家庭和谐，夫妻恩爱”更值得？美满的婚姻对于子女十分重要，而孩子成长过程中有十分快乐的双亲，才能使他们也有快乐的童年，希望得到“完美的丈夫”而伤及婚姻和孩子绝非聪明的选择。

梓潼是个爱干净的女孩子，找老公的标准首先是看起来要干净、舒服。苦苦追寻，终于遇到了现在的老公。结婚之前梓潼觉得老公很爱干净，即使夏天身上也没有汗臭味，心想老公应该算是男人中的极品吧！于是心满意足地结婚了。

岂料，婚后老公的干净没有维持多久，取而代之的是一个臭男人：洗澡不是那么勤，不是那么到位；刷牙速度太快；臭袜子随手就扔；脏衣服自己不洗；家里乱了也不帮忙收拾。不只是这些，两个人的生活习惯也存在很大差异：老公晚上习惯晚睡，梓潼习惯早睡；老公喜欢看体育频道，梓潼不喜欢；老公喜欢吃肉，梓潼喜欢吃青菜……面对真实的老公，梓潼有些失望和无可奈何。深思熟虑后，梓潼决定要改变老公这些不良生活习惯，她相信在自己的努力下，老公一定会变成她希望的那样。

每天，老公回到家，梓潼亲热地跑过来，等老公换上拖鞋，梓潼提醒老公把袜子放到鞋里边，如果该洗了，就要放到该放的地方。衣服也是，如果第二天还可以穿，就要挂起来，如果需要换洗，就不要再和干净衣服放到一起；晚上老公洗澡的时候，梓潼很热情地说："老公，需要我帮你搓澡吗?"如果老公说需要，梓潼会很仔细地为老公服务。如果老公不需要，梓潼就在门外提醒："你自己搓一下啊，打沐浴液要仔细，冲的时候要冲干净。"老公刷牙的时候，梓潼会在边上提醒："慢一点，不要太用力，对牙齿不好。"这样一来可苦了老公，一次两次还行，长期坚持就太困难了，只要梓潼看不到，老公还是照旧敷衍了事。

晚上梓潼睡觉时，提醒老公早睡，醒来后，发现只有自己。经过一段时间努力后，梓潼发现改变老公是很难的。于是她决定和老公好好沟通一下，说到老公各种坏习惯，老公摆出一副可怜兮兮的样子，哀求道："老婆，其实我已经很努力了，你看我衣服不乱扔了，洗澡比以前到位多了，完全改过来，也需要时间啊。”老公说的没错，和之前比起来，他确实有所进步，可离达到自己的要求还有些困难。那就索性做个好人，能改多少算多少吧，这样不但自己省心，老公还不会产生逆反心理。

每对夫妻都是怀着美好的愿望走到一起的，但成长在不同环境的两个人，无论心理如何默契，都难免会有冲突。这时，不要试图改变他，尊重彼此的差异，理解对方的不同习惯，你们会有更多的爱意。

但是很多时候，女人爱上男人时，她觉得有责任帮他改变他的做事方式，她以为在帮助、教育男人，但男人却觉得被控制了，失去了自由。了解男人与女人天性的不同后，女人就要适时调整自己，这样才能幸福和谐，否则感情破裂就得不偿失了。

因此我们说夫妻之间要尊重彼此的差异，学会理解对方是一个独立的个体，在各个层面都存在与你相异之处，你必须尊重这些差异，站在对方的立场来设想。有差异并不可怕，可怕的是你不敢面对差异。若常有“控制狂”心态，一切都要依自己喜好决定，并千方百计避免情况失控，这会给感情关系带来问题。并且，“控制狂”女生也会使对方越来越难敞开内心，不希望你看见他脆弱的一面，不喜欢承认他需要你。

女人不要试图改变他：如果你不抽烟不喝酒，就想把老公改变得烟酒不沾；你喜欢穿漂亮衣服，就想把老公改变得喜欢逛街。女人一旦试图改变老公，改造的范围便包罗万象无所不在了。结果就是费尽心机、磨破嘴皮、软硬兼施却总是收效甚微。比如抽烟喝酒，男人也知道这不是好习惯，女人有一千条理由要求他改变，实际上好多男人照样在抽烟和喝酒，女人的努力都白费了。男人抽烟喝酒有他的道理，女人不理解，就跟女人涂脂抹粉男人不理解一样。两个人互相宽容一点就好了。

试图去改变一个男人几乎是不可能的，就像要女人讨厌逛街是不可能的一样。把自己的想法强加给老公，企图改变他的做法，往往不起作用。现实中，改变的结果往往是适得其反，老公不仅丝毫没变，还被诱发出强烈的对抗情绪。久而久之，矛盾日积月累，恩爱全消。珍惜自己已有的东西，珍惜爱人特有的那份“独特”，你的生活、你的婚姻，就一定是不同的、珍贵的、精彩的。

3. 温柔是女人的基本素质

男人最怕野蛮的女人，因为野蛮的女人是不讲道理的。一个连道理都不讲的人是很难分辨是非的。

上帝造人时，用男人的肋骨造出女人，所以，女人天生注定是血肉之躯中一种坚强的存在。只不过，她们的这种坚强隐在血肉里。但对于男人和这个世界来说，女人是温柔的。

温柔是上帝赋予女人的性格特长，它使得女人在这个世界得以生存下去。

据研究发现，当女人向外界传达某一条完整的信息时，她使用的语言只占7%，声调占38%，而另外的55%则由体态语言来传达，这是女人与男人最大的不同。男人可以用语言和简单干脆的手势表达自己的观点，而女人要表达自己的观点时，往往需要用能表达自己观点的各种小动作，才能让对方理解，而这些小动作的外部表征就是温柔。

在现代社会中，有一部分女性没有安全感，觉得爱情不可靠，婚姻不可靠，朋友也不可靠，他人都不能相信，只能相信自己。初听起来，这样的女人似乎总是以“自我为中心”，面对他人时，也总是表现得高高在上。其实，这是女人一种不自信的表现。这样的女人外表看起来很强大，内心却脆弱得不堪一击。她们只是用伪装的坚强包裹了温柔的本性，不想被伤害而已。

不过，还有另外一部分女性，她们误认为温柔就是顺从。这些女人完全依靠他人，将他人的世界视为自己的世界。这样的女人很柔弱，也容易受伤害。

显然，这两种女人中，一种完全不相信温柔的力量，一种则曲解了温柔的意思。女人的温柔是天生的，只有真正理解了温柔的含义，才能让温柔发挥出最大的力量。

我们总会羡慕那些即使不为男人做什么，也能让男人心甘情愿将其当王妃一样宠着的女人，就像这对夫妇：

男人自己开了一间洗车房，每天默不作声、按部就班地洗车。

一个女人骑着电动车过来。她穿着黑丝绒的连衣裙和黑色长靴，精致讲究。她来到男人身边，柔声细语地对男人说：“慢着点，注意腰啊。”男人回头看见她，马上绽开一脸的笑容。

女人踮着脚向车房里面的小屋走去。男人笑着问：“中午在楼下的外婆湾吃的饭?”

女人轻柔地回应：“嗯，下午去逛街了，真是累死我了，我的脚快不会走路了。”

男人又笑起来：“买了什么东西?”

女人回头扬一扬眉毛，得意地说：“咱们三个人的衣服啊。”

原来他们是夫妻。旁边的客人刚刚纳过闷来。心里想着，这个老实的男人真是有福气。

男人又笑着说："今晚炒韭菜吧，好不好?"

女人爽快地说："好，那我路上买。"

男人又笑着说："我都洗好了，在里屋盆里，你拿回家，切了放着，等我回去炒。"

女人轻盈地进屋收了韭菜，放到电动车的小框里，又回过头来商量道："韭菜别用鸡蛋炒了，用肉丝好不好?"语调不急不缓，温柔可人，恐怕任谁听了都不会拒绝。果然，男人笑着说："好。"

女人骑着电动车离开了。男人洗车的工作，她一指头都没有碰。

客人开始打趣男人："我从来没有见过这么温柔的女人，您真有福气，嫂子平常也是这样说话吗?"

男人哈哈笑起来："没结婚的时候她就这样，这么多年了，我们没有红过一次脸。她从来都这样，跟孩子生气的时候也是慢声细语的。"

"真是和谐家庭，有这么温柔体贴的老婆，干多少活都不觉得累，是不是?"

男人很陶醉的样子："这是真的！想到她觉得干活一点也不累！"

韩国某女子大学的校训——"温柔征服世界"，一句多么柔软又有力量的忠言。

女人的温柔是一种素质，冷酷自私的人学不会。

温柔是一种素质，它总是自然地流露出来，藏不住也装不出，想学也学不来。温柔是一种感觉，任何外在也替代不了这种感觉。

温柔并不是忸怩作态，也不是撒娇发嗲，更不是唯唯诺诺，百般献殷勤。温柔，只是适时停止滔滔不绝的高论，适时放弃咄咄逼人的攻击。温柔的女人聪明却内敛，与之相处的人也会被温柔的气息所感染。

女人可以不美丽，可以不年轻，但不能不温柔。一个温柔的女人，到哪儿都是惹人怜惜的。温柔的女人宽容，灿烂的笑容中渗透着亲和力，即使没有火样的热情，也会散发出一股清凉，让人产生美好的联想。

对任何人而言，女人的温柔都是强有力的武器，男人最喜欢女人的温柔。当然，这种温柔不是矫揉造作，也不是林黛玉那样的弱质纤纤。温柔的女人，和她在一起，内心的不愉快都会烟消云散。

试想一下，一个总是喜欢争强好胜的女人，会有人喜欢吗？答案是否定的。再进一步，一个总喜欢大声说话，喜欢与人争论的女人会有人喜欢吗？答案也是否定的。既然外表的强大无法有助于事情的解决，女人为什么不充分利用自己与生俱来的温柔武器呢？

吉娜和丈夫结婚后定居在纽约，大城市的机会很多，同样压力也很大。快节奏的生活和工作性质让吉娜每天忙得团团转，生活极为不规律。而老公比自己还忙，所以几乎所有的家务都落在了吉娜一个人的身上。开始的时候，每天晚上吉娜能撑到丈夫回家后吃晚饭，说几句话才休息，但后来丈夫的作息时间和自己的时间总是有时差，吉娜只好每天吃完晚餐收拾打理下房间便早早睡去，两个人可以坐在沙发上一起看电视的情景都成了一种奢望，更别说对老公说些温柔的贴心话了。

时间过得很快，结婚三周年的日子到了，吉娜本来想下班后尽快回家，准备丰盛的晚餐，可是公司临时有事。无奈吉娜只好给老公打电话，告知自己今晚要加班，让老公自己买点好吃的，不要等她吃饭了。老公觉得吉娜平时很忙，还要打理家里的一切，于是想今天表现一下，给老婆一个惊喜。回来的路上他买了菜，在厨房了忙活半天，大展厨艺。终于完成了一桌丰盛的晚餐，然后耐心等老婆回来，快十一点了吉娜才回来。看到一桌子的菜，吉娜很是感动，想到老公一直等自己，肯定饿了，就招呼老公赶紧过来吃饭。也许是许久没有说温柔的贴心话了，也许是太累了，在这个浪漫的夜晚，吉娜却忘了对老公说些温柔的话。这让老公心里多少有些不悦，但考虑到老婆这么辛苦，也没说什么。

又过了一个周末，两人终于可以同时休息看电视的时候，吉娜突然温柔地对老公说："亲爱的，我们多久没这样一起看电视了，我很喜欢你就坐在我身边的这种感觉。"没想到老公开心地抱住她说："我亲爱的吉娜，你好久好久没这么温柔了。我还以为你不会温柔了呢。"

吉娜心里也很吃惊，一句温柔的话，就可以让老公如此感动。可是最近，自己好像对他说的温柔话少得可怜。想想之前，总是有说不完的甜言蜜语，老公总是很幸福的样子。而如今，少了温柔的话语，老公好像也少了很多幸福感。吉娜责怪自己，怎么可以忘了每天对自己最爱的人说些温柔的话。从此以后，每天早上起来，或是晚上老公回来后，吉娜都会温柔地和老公说几句贴心话，这让两人之间的甜蜜感又回到了从前。

也许有人认为，温柔的女人少了一份勇气和魄力，事实并不是这样。女人的温柔是一种姿态，一个拥有温柔外表、强大内心的女人，同样可以战胜人生所有苦难。

温柔是女人安身立命的武器。温柔的女人更能品味出生活的真谛，正因如此，温柔的女人才能更好地掌控生活，成为拥有巨大能量的现代女性。

4. 长相知，不相疑

曾记得一位女作家说过这样一句话：信任是心灵相通的桥梁，是家庭稳定的纽带，是化恶为善的基石。

猜疑像一条蛀虫，吞噬着夫妻双方的信任，时刻威胁着婚姻的幸福。

大家都知道西方现代人际关系教育的奠基人，美国著名的人际关系学大师卡耐基。由于他在当时的美国太出名了，对这样的人，社会自然喜欢为他制造花边新闻。如对卡耐基和秘书薇拉的关系，有人就曾经大做文章。

面对风言风语，卡耐基夫人态度坚决地信任自己的老公，她提出和老公的女秘书相处必须记住的五条原则："一、不要猜忌丈夫与女秘书的关系；二、不要嫉妒女秘书的漂亮迷人和工作；三、不要勉强女秘书为自己跑腿；四、绝对不可以傲慢、刻薄和奚落女秘书；五、对女秘书的额外帮忙要表示感谢。"

而卡耐基本人的感情也并未因为年轻漂亮的秘书而发生改变，

他继续安心工作，继续撰写他的畅销书，并且始终如一地爱着自己的夫人。对于此，卡耐基解释道："夫人这么深切地信任我，我怎么可以背叛她呢？"

是的，婚姻有了信任才叫婚姻。不过，几乎所有的婚姻都会遭遇信任危机。这个时候，你千万别疑神疑鬼，要尽量把自己的心态放松，把它当成是婚姻过程中的一个调味剂或者一个小花絮。面对信任危机，只要你能够用爱心和忍耐去感化对方，那么自然就能够化解矛盾、化解危机。

当然，并不是说所有的猜疑都是无端的，都是错误的。如果有确凿证据证明猜疑是正确的，那么也要保持着维护婚姻的态度，冷静地、坦诚地解决好问题；如果双方的爱已经不存在，感情已然破灭，那么这时就需要好好地谈谈分手的事了。

阿美和悦明是一对很恩爱的夫妻，他们10年的婚姻生活一直很平静，两人从来没有过争吵，很多人都很羡慕他们和睦的家庭，他们自己也觉得很幸福。

可是，再平静的湖水也会有起涟漪的时候。最近，阿美突然特别关心悦明，悦明的一举一动她都要问得清清楚楚。每天，她都会赶在上班之前、下班之后给悦明打电话。如果有一次悦明没有接电话，阿美便会追问一番，直到得到满意的答案。

起初，悦明并没有在意老婆的用意，只想着老婆对自己越来越好了，她的所作所为只不过是在关心自己而已。可是后来，悦明越是解释得清楚，阿美越不放心，还常常因此心神不宁的；悦明问她的时候，她却说没什么，只是一个人在那闷闷不乐。悦明感觉他们的家庭不像以前那么祥和美满了。

有一天，悦明为了庆祝生意成功，和一个女客户出去喝咖啡，正在这个时候，阿美又给悦明打电话，隐约间听到电话那头有女人的声音，她二话没说就挂了。悦明想着回家再解释吧，可回家之后，阿美已经不在了。

她给悦明留下了一封信。上面写道："悦明，请原谅我就这么走了。我以为我们可以一起到白头的，但是，最近我常做梦，梦到你被别的女人抢跑了……我一直担心，总是心神不宁的，我对我们的幸福十分怀疑，所以，我每天打电话给你就是想要证实你还在。可是……你还是骗了我。咱们的感情就到此结束吧！我选择退出，不会为难你的，即使多么不舍，多么大的痛苦我都会自己承担……"

悦明看着信和签好字的离婚协议，哭笑不得。他到处打电话，却始终没有找到阿美，最后还是从儿子的口中得到了阿美的住处，当悦明找到阿美的时候，不见了她往日灿烂的笑容，脸上的皱纹也多了几条。悦明心疼地抱着这个让他哭笑不得的傻女人。

这个时候，阿美早已哭成了泪人，悦明帮她擦着泪说："你真是让我爱恨不得。什么时候变得爱吃无名醋了？她只不过是我们公司的一个客户，我还没有来得及解释，你就挂电话，搞神秘失踪不说，还提出离婚，更可气的是还签上字，弃我于不顾。要不以后我的脸上贴一个标签：有妇之夫，非男勿近？"

阿美终于被悦明逗得破涕为笑，吸着鼻子说："以后我再也不会胡乱猜疑了，是我最近太忧虑了，那份协议还算数吗？你签字了吗？"

"傻瓜，我才不会像你一样！"悦明爱怜地对阿美说。

幸福美满的婚姻，恰如一部悦耳动听的交响曲，夫妻间的互相信任，如同其中最华美的乐章，没有信任这个乐章，婚姻这部交响曲就会黯然失色，甚至有可能无法继续演奏下去。

信任是生活的基本态度。同样，在婚姻关系中，你们首先要信任你们的配偶是忠诚的、是爱自己的。信任，可以让你永远保持清醒的头脑，免受外来因素的干扰与侵袭，同时也充分地保障着婚姻的稳固坚实。试想，夫妻之间如果连最根本的信任都不存在了，还谈得上什么真爱？没有真爱的婚姻又怎么会稳固。信任是基石，宽容是相处之道，猜疑只会损害自己珍视的婚姻。

于娜婚前与丈夫苏磊原本是在同一个单位上班，苏磊跑外勤业务，她是内勤做出纳的。婚后，她辞掉了工作，享受着二人美好的生活，尤其是生下了儿子后，更是心满意足。一家三口其乐融融，是一个令人羡慕的美满家庭。

但是，在他们儿子8岁的时候，有人偷偷告诉她，她丈夫苏磊下班后经常和新来的秘书张小姐在一起。

有一天，苏磊很晚才回家，于娜满腹猜疑地问他："你到哪里去了？"

"在工作啊！"苏磊认真地回答。

"什么工作？"于娜追问。

"拜访客户。"苏磊不耐烦地回答。

"和谁一起去的？"于娜继续追问。

"难道我做什么事都得向你汇报？"苏磊有点恼怒。

于娜从苏磊那里得不到信息，于是便找了私人侦探暗中调查苏磊的行踪，终于获得了"确切的证据"——几张苏磊与张小姐走在一起的照片。

一天夜里，她晃动着手中的照片说："你看看，多神气！

快40岁的人了，旁边跟着一个刚刚成年的漂亮姑娘。”这时苏磊尴尬万分，急忙解释说：“我们一起去找客户对账有什么好大惊小怪的？”“那么一起去电影院，也是去对账的吗？”于娜问道。“看场电影算什么？你这样偷拍别人的照片是非法的！”苏磊辩解道。

一气之下，于娜跑到苏磊的公司，把照片往经理面前一摊，要求经理把苏磊调到别的分公司去。第二天，经理训了苏磊一顿，便立刻把苏磊和张小姐分别调到不同的分公司去了。

这么一搞，苏磊与张小姐的“绯闻案”一下子尽人皆知，苏磊在公司的形象和升迁都受到严重的影响。受到这种打击后，苏磊每天晚上就把怨气发在于娜身上。于娜以为这一切都是暂时的，等到苏磊接受现实之后就没事了。谁知从那次之后，苏磊与张小姐却偷偷来往得更密切了，最后终于向于娜说出了那可怕的两个字：“离婚。”

于娜这下着急了，又哭又闹，到处找苏磊的家人和公司领导告状，要求他们对他和那个介入别人家庭的“第三者”做出严厉的处分，并且迫使他们分开，她积极地想通过这些努力，把苏磊的心拉回自己身边来。可是，随着于娜一次次的告状，夫妻间的裂痕越来越大，苏磊的心越飞越远，一个月后，他真的向法院提出了离婚。

法院经过调查，苏磊与张小姐起先并没有什么越轨行为，确实是因工作关系常常一起出去，但都不是单独在一起，即使是去看电影，也还有其他同事一起去。但是于娜却把事情闹大，也把苏磊与张小姐变成“同命鸳鸯”，才使他与张小姐关系更进一步地发展下去。

于娜这时才恍然大悟，是她自己的吵闹把丈夫推向了另一个女人，但是现在追悔莫及了，事情到了这种地步，丈夫的心早就已经属于别人了。

如果婚姻中的男女都理解相互信任的重要性，学会不随意对对方起疑心，对对方多一些信任，多给对方一些空间。懂得给对方空间就等于给自己自由，给予别人信任就等于自信和豁达，就会让婚姻得到很好的保护。

不要盘问太多，也不要猜测太多，把怀疑对方、过分紧张对方的时间用在提升自己身上吧。爱他，就要信任他，给予适当的爱，也尊重对方的个性，尊重每个人的心灵空间。夫妻之间哪怕再亲密，也要给对方留一片自留地。换一种角度思考，懂得信任是爱情永恒的主题。要知道，爱情之所以牢固，有时候恰恰是因为相互信任。

5. 男人如风筝，该放线就放线吧

有一位婚姻专家说过这样的话：“大多数男人对婚姻有种恐惧感，害怕走进婚姻就失去了自由；大多数女人对婚姻也有种恐惧感，害怕在婚姻里失去了爱情。于是，男人在婚姻里想方设法要得到自由，女人则想方设法拴住自己的男人试图抓住爱情。”聪明的女人会从这句话中发现这样的定律：男人是野生动物，喜欢放养不喜欢圈养。

很多女人在结婚后都怕丈夫变成脱缰的野马，或者是掉进别的女人设下的陷阱里。于是，千方百计地想要"看住"男人，她们仿佛在一夜之间成了超级侦探，对丈夫管教有加、步步设防、层层加锁，害得男人们总是抱怨：再也没有以前的好日子了！

那么，男人口中以前的好日子是怎样的呢？可以自由支配自己的时间，不用下班之后立马回家；可以做自己喜欢做的事，不用事无巨细都要向老婆报告，偶尔喝点小酒，抽点小烟，不用忍受老婆的白眼……女人或许会说，我管教都是因为爱，因为担心。我们相信，任何一个女人对自己丈夫所做的一切，都是出于好意。但是，你有没有问过男人：他们最想要的是什么呢？

有个国王很喜欢微服巡游。一次，他在巡游途中遇到刺客，在随从的拼死保护下才逃离险境，惊慌失措的他拼命地向前跑，可这个时候一条汹涌澎湃的大河挡住了他的去路，在前有洪流后有追兵的情况下，国王绝望了。刚好，河里一只神龟向他游来，说能驮他过河，但条件是，国王必须正确回答一个全世界最困难的问题才能获得自己的帮助，国王迫不及待地答应了神龟的条件。

于是神龟问道："男人最想要的是什么？"

对于一个男人来说，这似乎并不是什么难题，可是，国王却一下子被问蒙了，他请求神龟先把自己驮过河，给自己一周的时间来寻找答案，然后再回答它。

神龟同意了国王的请求，但同时告诉他说："如果一周之后你不信守承诺，你就会因此遭到可怕的报应。"

国王回到王宫之后，立即召集所有臣子和国内有名的智者，让大家找出答案。有的说是权势，有的说是金钱，也有的说是美色，答案五花八门，但都不是很理想，眼看期限就要到了，结果大家都为想不出答案而愁眉苦脸。

就在这个时候，有一位巫师求见，说他有标准答案。国王立即召见了他。

这个又老又丑的巫师说："我可以化解国王的危机，但是，我必须娶美丽的公主为妻。"孝顺的公主毫不犹豫地答应了这个条件。

巫师说的答案是："男人最想要的是能主宰自己的生活方式。"国王带着答案去找神龟，神龟听了这个答案后，称赞国王是全世界最聪明的男人，满意地游走了。

回到宫中之后，国王信守承诺给巫师和公主举办了盛大的婚礼。喜宴上巫师难看的吃相让周围的人没有了一点食欲，更让人不能容忍的是他还边吃边大声地放屁，不时发出的不雅笑声让人觉得毛骨悚然。但是，漂亮的公主自始至终都没有说什么。

当所有宾客散尽后，巫师换下礼服，洗完澡出来的时候，美丽的公主简直不敢相信自己的眼睛，因为眼前的男人根本不是那个丑陋的巫师，而是一个英俊潇洒、风度翩翩的年轻绅士。

他对公主说："因为你信守承诺，并且容忍我在喜宴中放肆地丢你的脸面，所以，我决定往后每天当中有12小时变成最温柔体贴的男人来照顾你、陪伴你，你可以决定我是白天变还是晚上变，但是，决定之后就永远无法改变了。"

美丽的公主顿时陷入两难的局面。想了半天，最后对巫师说："你自己决定何时要扮演你喜欢的角色就可以了，我不干涉你的生活方式。"

巫师听了很高兴，说："由于你的包容与智慧，我决定天天24小时都是世界上最温柔、最英俊的丈夫，我要用我的全部力量来陪伴你、照顾你。"

这个寓言告诉我们，一个男人真正想要的是主宰自己的生活，只要我们满足了他的愿望，他就会变成世界上最好的老公。每一个人都有一种潜能，这种潜能在遇到爱和包容后，就会完全地释放出来。婚姻生活中，女人最大的智慧不是控制你的男人，而是“放养”你的男人，唯有如此，你才有可能获得更大的惊喜，才能获得婚姻生活中真正的幸福。

很多人会说，“放养”男人，说着容易，做起来却很难，男人天生就有那么多花花肠子，太过放纵会让他忘记回家。其实，这是你对你们爱情的不自信，对你自己的不自信。如果有爱，他会永远记住回家的路；如果没有爱，就算你用重兵把守，还是留不住他，那么，我们何必让自己活得那么累？

电影里面有一句经典台词：“视觉容易产生审美疲劳，从而毒化婚姻品质。”再美的东西看多了也会腻，夫妻双方保持一定的距离是非常重要的，如果喜欢整天黏在丈夫身后，要让丈夫时刻生活在自己的眼皮底下，久而久之就会让对方感到厌烦，甚至会导致婚姻破裂。

一个理性的女人，就要让自己的爱收放自如，让男人有自己的生活空间、独立的社交圈子。不管你的男人将这些快乐的自由时间做什么安排，只要他不将某种嗜好变成恶习，你如果都能尽量满足他，就不会让对方感到压力，而你才会拥有最幸福的婚姻。

雯雯和丈夫原来都是教师，前几年丈夫辞职去做生意，不出几年就成了一个大老板。作为“大款”的妻子，雯雯完全可以养尊处优，但她一直没有放弃自己的工作。因为丈夫只顾忙生意，家里的一切都落在了雯雯的身上。雯雯在教书的同时，还要照顾9岁多的女儿，生活很辛苦。

有朋友劝雯雯，当老师的月工资还不够丈夫一顿饭，干脆辞职别干了，一心一意相夫教子，多花点心思拴住丈夫的心吧，虽说丈夫目前很忠诚，可说不准以后会花心——有钱的男人总让人放心不下。

雯雯听后总是一笑了之，其实她有自己的想法。自己和丈夫从同学到夫妻，彼此都很了解，她相信他。当然更重要的，她对自己有信心，她相信自己有能力做好老师、母亲和妻子。雯雯每天按自己的节奏生活着，照顾好女儿，教导好学生，打理好家务。丈夫因为要忙生意，有时一个月也难得回来两次。

雯雯总是那么不露声色，极少埋怨丈夫的忙碌，相反，她十分体贴丈夫。男人干事业太辛苦，她经常提醒他，要注意保重身体。顺风顺水时劝丈夫保持清醒，遭遇挫折时给丈夫鼓励。周围的女人不是埋怨丈夫太窝囊，就是抱怨丈夫太花心，而雯雯这边风景独好，丈夫越来越能挣钱，对雯雯依然一往情深，总是尽可能地去多陪一陪老婆和女儿。朋友都说雯雯找了一个又有钱又有情的男人，幸福得让人羡慕。

鱼离开水就会窒息而死，因为水是鱼的世界，只有在自己的世界里鱼儿才能生存。于是男人们一个个都大喊："我要做自由的鱼!"试图逃离女人的狭小世界，在外面自在翱翔。可是男人越是要自由，女人就越是把男人牢牢地困在自己的世界里，不给他一丁点儿的机会，生怕一个不小心男人就被外面的世界迷住了，离自己越来越远，抓不住了。结果，男人就这么活活被困死在女人的手中，而女人也是痛苦不已。

事实上女人大可不必如此，男人想要自由就让他做自由的鱼好了，只要他离不开你不就行了吗？因为鱼儿生存不仅需要水，还需要水里的空气。不过它需要的空气只是那么一点点，它不需要太多，太多的空气反而会害了它。鱼儿在水中可以自由呼吸，感觉空气的美好，可是一旦到了陆地上就必死无疑了。

6. 将“面子”留给男人，将宠爱留给自己

当你问及身边的男人，什么对他而言最重要的时候，很多男性朋友几乎都不约而同地回答：“面子！”男人需要有面子，男人也最怕失去面子。因此，聪明的女人一定要学会给男人面子。

人人都要面子，人人都有尊严，何况是顶天立地的男人。他什么都可以不要，但面子却不能丢，尊严更不能失。在家里，大多数的男人是大度的，不拘小节，不与女人斤斤计较。理智的男人总是能“大事化小，小事化了”。即使是遇到不顺心的事，也会强装镇静，不会轻易地倾诉或者发泄。有时宁可受到女人的埋怨和训斥，也不愿发生冲突去争辩。

别看这些所谓的好男人，在家对老婆大人言听计从、不计小节，但在外面的各种场合，男人就希望女人一切遵从自己的意愿，特别是在朋友面前，更会显得有些大男子主义。比如抽烟、喝酒，在这样的场合，就算平时不抽烟、不喝酒的男人也会在朋友盛情邀请下破戒。一旦兴致上来，难免就会克制不住自己。这时，女人一定要给男人面子，不要直面去指责或阻止他，要用婉转的言

语去劝阻或保持沉默，等回家后，再好好地与他沟通，甚至数落几句，那样他定会低头认错，甘愿受罚。

怡芳的丈夫是一个公司的总经理，生活富足，家庭和睦。结婚这么多年了，夫妻俩从来没有吵过架，公婆很喜欢这个儿媳妇，就连邻居也常夸怡芳贤良淑德，秀外慧中。其实，怡芳不是低眉顺目、对丈夫唯命是从的小妻子，对于御夫之道，她自有一套小心计，而且效果很好。

怡芳的御夫之道就是维护好丈夫的面子。当只有夫妻二人在家时，丈夫虽然是个总经理，但是对怡芳却是唯命是从，她说一不二，即使让丈夫给她拿拖鞋，丈夫也是百依百顺，是个标准的绝世好男人。可是，一旦家里来了客人，或是公婆来到家里时，怡芳就像变了个人似的，十分自觉地把自己放在服务员的地位上，主动地端茶倒水，并在他们聊天的时候烧上一桌可口的饭菜。丈夫说的话也从不反驳，并很好地按丈夫说的去做。

怡芳的这些做法不但给丈夫留足了面子，维护了丈夫在外面的形象，在实际当中起到了支持丈夫工作的作用。而且，还在外人面前树立了自己良好的形象，更重要的是使得丈夫对她十分感激，并常常在人前人后夸奖妻子有分寸，在家中对妻子更加的宠爱、关心和敬重。

怡芳的御夫之道确实高明，不仅维护了家庭的和谐，支持了丈夫的事业，也为自己赢得了好名声，可谓是“一石三鸟”之计，值得女人们效仿。

卡耐基认为：女人要明白一个道理，爱护男人的尊严，等于爱护自己。对于爱情里的男女来说，女人学会了给男人留面子，也是给自己的爱情锦上添花。我们常看到男人时时刻刻在捍卫面子，有谁看到男人没面子后会怎样？丢掉面子的男人一是变得疯狂，二是变得超然物外。无论走到哪个极端其实对女人都很不利。肯花心思维护自己老公的面子，才能把两个人的小家庭经营得越发和谐。

男人的爱情是脆弱的，它需要许多支撑，面子就是其中很重要的一个因素。为什么人们常说“女追男，隔层纱”呢？原因就在于男人们都喜欢听赞美的话，愿意把爱情奉献给欣赏自己、维护自己颜面的女人。与自己苦苦追求而不得的女人相比，那些恋慕自己、欣赏自己的女人显然更能带给他们更多的尊严和自信，为了维护自己男人的颜面，他们就会转而喜欢那些爱慕自己的女人。

杨尚是大学同班男生中结婚最早的，妻子漂亮，让朋友们羡慕。可度完蜜月后，他们就摩擦不断。说起来都是些小事，可串在一起就让杨尚觉得气不顺。杨尚不是一个小家子气的男人，就是有些诸如爱睡懒觉、大大咧咧之类的毛病；妻子蛮勤快，可就是喜欢按着自己的意愿行事，让他觉得头疼。比如休息日，只要妻子有什么安排，如搞卫生、回娘家之类，杨尚就别想睡懒觉了。“她若是把这些事安排在其他时间，我会很乐意做的。”在父母、朋友面前，妻子也不给他面子。她管他抽烟，管他和朋友玩得太晚，她本意不坏，可杨尚却很烦。两个人吵吵好好，搞得大家都很累，有时候杨尚宁愿待在办公室里也不愿回家面对妻子的颐指气使。

夫妻间的矛盾至此已露端倪，如果做妻子的不知调整自己的行为，从对老公日常生活的管束，上升到干预他的事业、前程、人生选择，那么更大的危机还在后面。

芸芸的性格很外向，办事大胆泼辣。在公司一向以处事果断、办事高效而著称，婚后没多久她就从一名办事员晋升为业务经理，负责化工材料计划，工作开始繁忙起来。她的丈夫是一家运输公司的工会干部，忠厚老实，工作踏踏实实，任劳任怨，但久久没有升职。芸芸便自作主张，调动所有关系，接近了他公司的老总，又送了厚礼，把丈夫调到了财务科当副科长。

在任命下达的前一天，芸芸兴奋而故作神秘地对他说："老公你一定要好好谢我，我会让你的生活发生一个大变化。"

第二天，丈夫下班回来，面色苍白，一脸沮丧。芸芸大吃一惊，以为他到手的科长飞掉了。谁知他却厌烦地说："以后你能不能少插手我的事？你知道别人说什么？说我是个没有出息的人。"

芸芸觉得自己吃力不讨好，丈夫觉得自己活得窝囊，两人的战争就此开始。

一个月之后，一张法院的起诉书传到了芸芸的手上，白纸黑字，丈夫向她提出了离婚诉讼。

办完离婚手续，他毫不犹豫地卷起行李，搬到一个住宅楼里，那里住着一个寡妇和她5岁的儿子。

有消息灵通人士告诉芸芸，这个寡妇是位公共汽车售票员，她的丈夫是位司机，4年前死于一场车祸，芸芸的丈夫是在车上与她认识的。有一天，他出去办事，上车后才发现口袋里没有钱。车上人嘲笑他，一个大男人居然口袋里空空如也，但这位售票员放过了他，并拿出两块钱让他回来时乘车，以免被人找麻烦。后来，为了还钱，他来到她家里，很卖力地帮她换煤气、买米……把一个丈夫该干的事全干了。据说，为了让女售票员调班，他还几次去与车队领导论理，说得有理有据，感动了车队领导。从此，女售票员只上白班，不上夜班。又据说，她儿子因年龄不够不能上小学，又是他七拐八弯托人说服了小学校长，让孩子上了学。总而言之，他简直成了寡妇的顶梁柱。

芸芸不知道，当自己恩赐般地为丈夫创造一切的时候，却无意中毁掉了他作为男人的自尊。而在那位寡妇那里，当他挑起沉重的生活担子的时候，他终于感到了自己是一个顶天立地的男人。

无论外表强悍还是文弱的男人，他的内心里都希望自己能给予女人渴求的安全感，他认为保护自己爱的女人是天经地义的，因而女人也应当是顺从的。为心爱的女人遮风挡雨，这也是男人的一点虚荣的自尊。如果一个女人表现出对一个男人的爱情和力量的渴望，仅凭这一点，他就会心甘情愿地为她付出，并且会一直沉浸在顶天立地的美好感觉中。

当然，我们给男人留面子并不是说女人在外面就没有了发言权和做决定的权利，也不是让我们一味地委曲求全，在做好绿叶的同时也应该有自己的思想和主见，适当地给男人一点建议。比如点菜，比如买衣服，你大可以给出自己的意见，然后再问问他的意见，如果有分歧，两个人商量决定，互相让一步，尽可能圆满些，这也能培养和显示出两个人的默契感。我们要把握好这个分寸，在恰当的时间、适当的场合，给男人体面的自尊。

给足男人面子，也是在为自己争得一份爱与尊重，当你在外面给足了男人面子，他会打心眼里感激你。回到家，他会主动为你付出，心甘情愿地接受你任何的“暴风骤雨”。

第九章

左手魅力右手智慧：创造你的职业光环

聪明的女人是不会安于现状，守着自己的小格子的，而是要出去占领更多的地盘。一旦有更好的发展空间，就会不顾一切，勇于冒风险，勇于拼搏，打造一片属于自己的更广阔的天空。

1. 上路前，先为你的人生做个清晰的规划

平庸与非凡的最大区别就是我们对自己要做的事有没有一个清晰的规划。我们的人生就像是一粒一粒的沙子，没有计划的人生，就如一盘散沙。为了使人生更美好，我们必须做好精心的规划。

一个冬夜的傍晚时分，父亲安静地坐在火炉旁，为他的女儿讲故事。父亲看着7岁的女儿，慈祥地说道："世界上共有4种马：第一种是绝等的良马，主人为它配上马鞍，套上辔头后，它奔跑的速度快如流星，能够日行千里。尤其可贵的是，当主人一扬起鞭子，它只要见到鞭影，便能够知晓主人的心意，迅速缓急，前进后退，都能够揣度得恰到好处。这就是深受世人称赞的能够明察秋毫的一等良马。"

"还有一种马也是好马，当主人的鞭子抽过来的时候，它看到举起的鞭影，但是它不能马上警觉。等到鞭子扫到了它尾巴的毛端时，它才能够知晓主人的意思，便会马上向前奔驰飞跃，也可以算得上是反应灵敏、矫健善走的好马。"

"第三种则是一种庸马，不论主人多少次扬起鞭子，它看到扬起的鞭影，不但不能迅速地做出反应，甚至等皮鞭如雨点般地抽打在它的皮毛上，它始终都无动于衷，反应极为迟钝。等到主人鞭棍交加，将皮鞭落到它的肉躯上时，它才能够察觉到，然后才会顺着主人的命令向前奔跑，这等马是后知后觉的庸马。"

“第四种则是一种驽马，当主人扬起手鞭之时，它也视若无睹；即便是将鞭棍抽打在它的皮肉上，它也仍旧毫无知觉。直至主人盛怒至极，它才能如梦初醒，放足狂奔，这种马是愚劣无知的驽马，因为它的冥顽不化，最终不受人喜爱！”

父亲将话说到这里，突然就停顿下来，用极为柔和的眼光看着女儿，告诉她说，这4种马就分别对应的是4种不同的人生。第一种人看到自然无常变异的现象、生命陨落的情况，便能够悚然警惕，奋起直进，努力去创造一个崭新的生命。第二种人则是看到世间的变化无常，看到生命的大起大落，也能够及时地鞭策自己，从不懈怠。第三种人则是等看到自己的亲友经历、看到颠沛流离的人生、经历过死亡的煎熬后，非要等到亲尝到鞭杖的切肤之痛后，方能幡然大悟。第四种是当自己病魔缠身风烛残年的时候，才悔恨当初没有及时努力，在世上空走了一趟。就像第四种马，非要受到彻骨的剧痛后，才知道奔跑，然而，一切却已经都晚了！

4种马代表了4种不同的人生，我们要想不让自己沦落为第四种马的悲惨结局，就要及早地为自己的人生做一个规划，这样才能时刻激励自己不断前进，不至于使一切都结束的时候，才去懊悔人生的虚度！在生活中，有些女人在前进的道路上步步向前，极为充实；而有的女人则止于中途，使心灵陷入迷惘。其主要原因就在于，后者没有为自己的生命做好一个规划。

很多人提起杨澜时，都说她太幸运了。从著名节目主持人到制片人，从传媒界到商界，杨澜一次次成功实现了她人生的转型。

杨澜是幸运的，但这种幸运，并非人人都有，也不是人人都能驾驭的。它需要睿智的眼光、独到的操控能力，是经历累积到一定程度厚积薄发而来。就像杨澜自己说的那样："一次幸运并不可能带给一个人一辈子好运，人生还需要你自己来规划。"

杨澜在成为央视节目主持人以前，是北京外语学院的一名大学生。一开始的时候，杨澜常常因为听力课听不懂而特别沮丧，也因此有些自卑，直到后来她的听力水平有了很大的提高后，才逐渐恢复了自信。

1990年2月，杨澜去应聘中央电视台《正大综艺》节目的主持人，她以镇定大方的台风、自然清新的风格及出众的才气从众多应聘者中脱颖而出。然而，由于她容貌不出众，在第六次试镜时还只是在"被考虑范围之列"。杨澜得知这一结果后，果断地去找导演，她反问导演："为什么非得要找一个漂亮的女主持人？是不是一出场就是给男主持人做陪衬的？其实女性也可以很有头脑，所以如果能够有机会的话，我就希望做一个聪明的主持人。"最后，她对导演说，"我不是很漂亮，但我很有气质。"

导演被杨澜的这些话打动了。杨澜成功当选为《正大综艺》节目的主持人。她在这份工作中不仅开阔了眼界，还确定了自己未来的发展方向——做一名真正的传媒人。

1994年，杨澜在主持方面已经取得了不小的成就。正当人们都对她羡慕不已的时候，杨澜却急流勇退，毅然辞去央视的工作，放弃当前所拥有的一切，去美国留学。

她所放弃的不仅仅是自己的工作，还有触手可及的未来。

杨澜在美国哥伦比亚大学国际传媒专业就读期间，利用自己的业余时间与上海东方电视台联合制作了一个关于美国政治、经济、社会和文化的专题节目——《杨澜视线》，这是杨澜第一次以独立的眼光看世界。在这个节目中，杨澜同时担当策划、制片、撰稿和主持的角色。后来，40集的《杨澜视线》被发行到国内52个省市电视台，杨澜也完成了从一个娱乐节目主持人向复合型传媒人才的转型。

毕业回国后，杨澜加入了当时刚刚成立的凤凰卫视中文台。1998年1月，《杨澜工作室》正式开播。

在凤凰卫视，她不只是主持人，还是《杨澜工作室》的当家人，选题由她自己负责，工作组的预算、开支也需要她精打细算。这对杨澜来说是一个非常好的锻炼，使她逐渐能够在最低的经费条件下，把节目尽量制作得更好。

在凤凰卫视工作的两年时间里，杨澜在积累各方面的经验和资本的同时也为自己开拓了未来的发展空间。在这两年中，杨澜一共采访了120多位名人。与来自不同行业、不同背景的嘉宾交流，一方面让她的信息量得到极大的丰富，另一方面也使她获得了巨大的精神收益。

经过几年的积累，杨澜拥有了世界级的知名度、多年的传媒工作经验，以及重量级的名人关系资源。

从凤凰卫视退出之后，杨澜曾一度沉寂。第二年春天，她突然收购了良记集团，并将其更名为阳光文化网络电视控股有限公司，准备打造一个阳光文化传媒帝国。对传媒资源驾轻就熟的运用，使得杨澜的阳光卫视一出生就有了许多优势。

但公司成立不久就遇到了全球经济不景气，杨澜面临着巨大的压力。她几乎天天都想着公司的经营。她将公司的成本削减了差不多一半，同时她还将自己的工资减了40%，并逐渐剥离了亏损严重的卫星电视与报纸出版业务。后来，阳光文化传媒公司又进军网络业和IT业，并开创了网络和电视相结合的时代。

2003财政年度，阳光文化传媒公司摆脱了近两年的亏损，实现了盈利。之后，阳光文化正式更名为阳光体育，杨澜却在这时宣布辞去董事局主席的职务，重回文化圈，全身心地投入到了文化电视节目的制作中。这一次转型，又令人耳目一新。

对自己的转型历程，杨澜说："在各种角色不断转换过程中，我就是想看看自己到底能飞多高。做好主持人之后，就想做好制片人；做好制片人之后，就想做传媒公司。这还不够，我还想做一个好母亲、好太太、好女儿。"

我们自从来到这个世界上，一生都是在赶路的，而路时刻就在自己的脚下不断向前延伸。只有知道方向的人，才能在人生空间的坐标中找准自己的位置，才知道自己为何要向那个方向前进。而不清楚方向的人，则永远不知晓自己的具体位置，不知道未来要去向何方，更不知道自己存在的意义。

卡耐基说过："我非常相信，及时地为自己的人生做个规划，是获得心理平静的最大的秘密，因为我心中时刻充满了信念。而我也相信，只要我们能制定出个人规划来，什么样的事情都是值得我去做的。并且我能够清楚地知道自己的下一步该去做什么，我需要过一种什么样的生活。如此一来，至少可以消除掉我50%的忧虑！"

他的这种说法就像我们登山一样：如果是一条我们曾经走过的熟悉的道路，或者我们在出发之前仔细阅读过地图，便可以知道前面有一些什么，知道再走几百米就可以休息，再走多远就有一处美丽的风景，这样有规划地走起来，会觉得自己的全身都充满了力量。如果我们的前面是一条完全陌生的路，那么，我们可能走几十米就会感到气喘吁吁，最终把自己累得苦不堪言。

2. 做进取者，你的位置应在更高处

在这个大多数职场女性还占劣势的时代，在这个充满竞争、瞬息万变的社会，以前的铁饭碗已经不存在了，需要靠个人的能力赢得属于自己的一席之地。然而，要想寻求更高品质的生活，必须有自己的职业计划，适时选择更适合自己的位置。

作为女人，在一个单位待久了，就容易陶醉其中，容易满足。再者，因为女人的性别关系，要有很多时间分配给家庭，照顾老人和孩子，所以，很多女人总是拘泥于有一个稳定的工作，有稳定的收入，于是就不求上进，没有进取心。

敦煌网的创始人王树彤在小的时候被父亲当作男孩一样教育，不管是三九天还是三伏天，父亲都会喊她起来跑步，风雨无阻。“世上无难事，只要肯登攀”，是父亲最常对王树彤说的一句话。

在父亲的严格教育下，王树彤在学校里不仅文化课成绩优秀，还是学校里的广播站站长、合唱团团长，也是学校的长跑冠军。

王树彤上小学的时候，基本上每次考试都是第二名，父亲有

一次不解地问："那第一名是怎么做到的呢？"对于父亲的问题，王树彤不敢做出回答，只是在心里抱怨："谁让你们没有把我生得更聪明呢？"

但是抱怨之后，王树彤认识到，既然自己没有足够的聪明，那么想要出人头地，就要吃别人吃不了的苦，笨鸟先飞。正是因为一直抱着这样的学习态度，王树彤最终以优异的成绩考入北京邮电大学电子工程学院，毕业后，她进入清华大学软件开发与研究中心任职。

工作两年后，王树彤发现，四平八稳一眼望得见未来的生活并不是她想要的。于是她决定从清华辞职，当她告诉父亲自己的决定时，父亲大发雷霆。但是父母的反对最终也没能改变王树彤的决定。

辞职后，王树彤到微软应聘总裁秘书的职位。虽然当时的微软还没有今天的规模，但王树彤却还是没有应聘成功。她并没有因此而放弃，微软的拒绝反而激起了她不服输的劲头。王树彤给所有的微软面试官发电子邮件、打电话，向他们询问自己的不足。面试官们告诉她，她比较适合做销售而不是总裁秘书。事情就这样有了转机，王树彤不久后进入微软，从事销售工作。

在要求严格的微软公司，竞争也非常激烈。第一个星期，领导就对王树彤耸耸肩，无奈地说："你没有达到我们的要求！"这是王树彤第一次被人当面否定，当时的她气愤得想要一走了之，可她转念一想，要是自己现在走了不就等于承认自己技不如人吗？于是她决定留下来，要走也要在得到大家的承认之后，光明正大地炒微软的鱿鱼。

为了把工作做好，她放弃了所有的休假，每天加班到晚上十一二点。王树彤不断提醒自己，笨鸟只有先飞才能和别人同时到达目的地。

在IT这个男性居多的行业，或许男性只要证明一次就可以的事，女性却要证明十次才能得到认同。有很长一段时间，王树彤的绩效考核都是接近满分，但当遇到有空缺可以升职时，公司却总是从其他地区调来人员担任其位置。

很多人都为王树彤打抱不平，劝她换一家竞争机制比较公平的公司。但是王树彤却坚持留了下来，她认为现在的不公平待遇或许是老板对自己的磨炼。

即使上司对市场的了解不如自己全面，她也没有表现出任何不满。王树彤始终记得那句话："天将降大任于斯人也，必先苦其心志，劳其筋骨。"

终于，王树彤用自己的出色能力得到了微软事业发展部总经理的职位。在微软工作了6年后，王树彤的业绩已十分突出，当时微软公司在中国的销售额中，有三分之一是王树彤领导的团队完成的。

此时，不甘于满足现状的王树彤希望找到新的挑战。之后，她加入思科公司，被任命为中国区市场营销部经理。当时的思科公司正处于发展的巅峰时期，是当时世界上市值最高的企业，而在思科中国公司的高管中，王树彤是唯一的女性，她所领导的团队被公司评为亚太地区最佳团队。之后，王树彤又加入卓越网，担任CEO，在她的领导下，卓越网成为中国最大的网上音像店之一。

2004年，王树彤创立了电子商务网站敦煌网，在创业第一年就了实现100万美元的交易额，第四年的上半年达到了近10亿美元的交易额。

一路走来，王树彤凭着自己的"野心"，创造了一个又一个奇迹。

在职场上，你可以选择维持“勉强说得过去”的工作状态，也可以选择卓越的工作状态，这取决于你内心是否有进取心。满足现状意味着退步，一个女人如果从来不为更高的目标做准备的话，那么她永远都不会超越自己，永远只能停留在自己原来的水平上，甚至会倒退。

在生活中，最悲惨的事情莫过于看到这样的情形：一些雄心勃勃的女人满怀希望地开始她们的“职业旅程”，却在半路上停了下来，满足于现有的工作状态，然后漫无目的地游荡。由于缺乏足够的进取心，她们在工作中没有付出100%的努力，也就很难有任何更好、更具建设性的想法或行动，最终只能做一个拿着中等薪水的普通职员。如果她们的薪水本来就不多，当她们放弃了追求“更好”的愿望时，工作会干得更差。只有不安于现状、追求完美、精益求精的女人，才会成为职场上的赢家。

因此，不管你在什么行业，不管你有什么样的技能，也不管你目前的薪水有多丰厚、职位有多高，你仍然应该告诉自己：“要做进取者，我的位置应在更高处。”值得注意的是，这里的“位置”是指对自己的工作表现的评价和定位，而不仅限于职位或地位。

许多成功人士都指出，很多人的资质都比他们高，而那些人之所以没有在事业上取得辉煌的成就，就是因为他们缺乏足够的进取心。相反，杰出人物从不满足现有的位置，随着不断的进步，他们的标准会越定越高；随着眼界的开阔，他们的进取心会逐渐增长。对于比尔·盖茨来说，如果说他仅仅希望开一个小公司赚点钱，那么他在20岁时就已经实现了这个目标；如果说成为世界上最有钱的人是他的最高理想的话，早在32岁的时候他就已经实现了这一目标。如果他没有不断超越自我的志向，他在年轻的时候就可以醉心于自己已取得的成就而举步不前了。

同样，在职场上，敢于追求，敢于打破常规，不守一席之地的女性，会不断自我充实，提升自己的知识和技能，时刻保持“充电”的状态。比如说学习外语与电脑，或选修管理、财会及对未来升级有益的课程。

当然，光会学习还不够，要想获得更大的进步，还必须要有步骤地策划未来。

俗话说得好，“不想当将军的士兵不是好士兵。”作为一名现代女性，相信每个人都会在心目中勾勒未来事业的美景，问题的关键就在于是否能真正地付诸实践。虽然敬业是员工必须具备的素质，但是我们应该注重工作带来的满足感及发展潜力。

比如，从工作中可以学到有关沟通、决策、处理事务等方面的能力。也许在当下我们对此的感觉还不是很明显，但随着时间的推延，这种优势会越发明显地表现出来，这也就是工作经验的积累给你带来的“无形财富”。同时，这也为你将来的发展做了一定的铺垫。因为你可以借助对行业及社会的了解，确定今后的发展方向。如果条件允许，最好列举出相关的步骤及问题，尽可能做到心中有数。待时机成熟时，寻求更好的出路和发展。

随着时代的发展，我们每个人都不能安于现状，否则就会被瞬息万变的社会所抛弃。职场女性应时刻准备着，不断充实自己，让自己飞得更高、更远。

3. 请待工作如初恋

在现实生活中，有不少女人会迫于无奈从事着自己不喜欢的工作，抱着当一天和尚撞一天钟的思想，这样敷衍工作的态度当然做不好工作，更谈不上享受到工作中的乐趣了。这样的痛苦，其实是不必要的。

“择其所爱”可以让你心甘情愿地投入许多时间和精力，并且享受工作过程的乐趣。

所以，女人要想获得稳定的婚姻，拥有幸福快乐的生活，不仅要拥有一份自己的工作，而且还要拥有一份自己喜欢的工作。当你从事自己所喜爱的工作时，工作再忙再累也是快乐充实的事情，而且你很有可能发挥最大的才能，创造最佳的成绩。

杨婵是某外贸公司的秘书，她善解人意，为人随和，对待工作也是尽心尽力，但她非常不喜欢坐办公室，在办公室超过一个小时她就如坐针毡，因此她深感做秘书工作的不快和吃力，心情焦虑不安，还经常朝家人发脾气。

在丈夫的开导下，身心俱惫的杨婵决定换一个工作，便打算向老总提出辞职请求。但是想到这家公司在业界非常有威望，而自己当初是经过层层面试才进来的，要是这么走掉就可惜了。想来想去，她决定在公司内部调换一个新工作。

做什么好呢？杨婵开始有意识地留意自己的能力，她发现自己思维缜密、善于分析，而且乐于与人交往，便大胆地请求老总将自己调到了销售部。果然，杨婵应付自如，工作做得非常出色，赢得不少顾客的称赞，她的职位和薪水也得到了提高。

看来，一个人在事业上取得的成就大小是和兴趣有很大关系的。如果你一直做自己喜欢的工作，你的内心便会充满愉悦和快乐。所以，千万别逼迫自己或别人去做不喜欢的工作，试试去做自己喜欢的工作吧!

你也许会说，做自己喜欢的工作，说起来容易做起来难啊。生活的压力、环境的驱使，找到一份工作就很不容易了，更别说让自己挑肥拣瘦地选自己喜欢做的工作了。毕竟解决了生存、温饱的问题，才能谈做自己喜欢的事情。

需要指出的是，在这里我们所说的做自己喜欢的工作，是一种广泛意义上的喜欢。喜欢自己做的工作，不意味着做此时此刻最想做的工作，还意味着热爱自己正在做的工作，这也是做自己喜欢的工作。

对于此，有一位哲人甚至这样说：“快乐的秘诀，不是做自己喜欢的事，而是去喜欢自己做的事。喜欢自己做的事，事业在其中，快乐也在其中。”所以说追求快乐，也是人生的一种大智慧。

生性内向的柳妙毕业于某大学管理系，她一直希望从事比较安静的行政类工作。但是理想很丰满，现实很骨感，柳妙和自己喜欢的工作失之交臂，只好委曲求全，做了自己深恶痛绝的销售工作，这让她觉得自己每天都生活在水深火热中。

第一次去拜访客户的时候，毫无实干经验的柳妙碰了一鼻子灰，她一向自视清高，从来没尝过被拒绝的滋味，吃了闭门羹后大受打击，再加上对这份工作本身提不起任何兴趣，她回到公司后立即向老板提出了辞职。

老板看了辞职报告后，了解了一番柳妙的状况，并没有立即同意她辞职，而是语重心长地说："年轻人，你怎么就知道自己干不好这份工作呢？要知道，只要你喜欢上一份工作，那么你肯定就会有所作为的。"

柳妙抱着试一试的态度留了下来，她开始有意识地劝说自己要喜欢销售工作。柳妙学习能力很强，接受新事物也很快，过了半个月，情况开始发生了改变：柳妙发现自己面对各种人都能轻松应对，而且谈吐还优雅得体，幽默风趣；特别是自己终于赢得了第一个客户，让她雀跃不已，心里的满足感也让人享受。"原来，喜欢也不难。"她终于觉得自己开始爱上了销售工作。

如今，柳妙已经结婚生子，但她还是没有放弃自己的销售工作。虽然每天的工作很琐碎，家里也要靠自己打理，可她总能在工作中捕捉到种种快乐。现在不仅家里井然有序，工作更是非常出色。

很多时候，我们也像柳妙一样不喜欢一份工作，是因为对工作了解得不够深入。了解不够，做起来就因为摸不着门路而碰壁，工作的积极性也容易被打消，结果对它心生厌恶，误以为自己不喜欢这份工作。所以，当你面对一个不熟悉的新工作、新领域，先别忙着辞职、退缩，给自己一段时间去了解它、探究它，努力培养对工作的感情。

就像恋爱一样，这个世界上没有那么多的一见钟情，也许刚开始的时候他并不是你梦中的白马王子，但不要急着将对方拉进自己的黑名单，深入了解一下也无妨，也许在接触的过程中，你会发现他的许多优点，从而喜欢上他，甚至对他欲罢不能。

美国第一位亿万富翁石油大王洛克菲勒也是由衷地喜欢自己做的事，他曾这样说："工作从未让我感到枯燥乏味，我也从未尝过失业的滋味。这并非是因为我的运气好，而在于我从不把工作视为毫无乐趣的苦役，能从工作中找到无限的快乐。"

不是每一份工作都能够完全符合你的心意，但每一份工作中都存有许多宝贵的经验和资源。能不能从中获得快乐，并非取决于你是否喜欢你的工作，而在于你是否全身心地投入精力，让自己喜欢上它，并从心底认同它，全力以赴地去干好它；当你的工作得到别人的认可的时候，你就会享受到工作的乐趣了，那么新的机会和新的岗位自然就向你走来。

美国总统林肯出身贫寒，有人问他为什么他能当上总统，林肯说："每一次获得新工作的机会，我都会怀着喜欢的心情加倍去工作，我能干好每一个我干过的职位，所以我也能干好总统这个职位。"

如果你视工作为一种乐趣，人生就是天堂；如果你视工作为一种义务，人生就是地狱。喜欢你的工作，时刻保持快乐的心境，你才会感觉到工作是快乐的。学会快乐工作的女人是美丽的，也必然能在忙碌中寻找到人生的乐趣。

4. 没人会主动提拔你，勇敢去敲老板的门

古人所言“沉默是金”的年代早已一去不复返，现代人如果不懂适时地包装好自己的形象，把握机会推销自己，就很难有出人头地的机会。

今天的女明星们就很善于推销自己，她们不惜被媒体曝光，甚至不在意披露她们鲜为人知的私生活。现在许多当红的歌星、球星频频在银幕上为一些知名品牌的企业、商品做广告，既为企业争取到“名人效应”，也大力推销了自己，还会有一份不菲的广告收入，真可谓推销和展示自己形象的典型案例。

所以说，懂得推销自己的人，才容易快速取得成功。

广告文案策划人李小姐这样说：“要求老板加薪是对自己负责的表现。刚到这个城市时，我应聘到一家广告公司做文案。此前我从未接触过广告，所以，一开始我就给自己定位：踏踏实实，勤勤恳恳地做事，待遇上一切听从老板安排。我利用一切时间和条件，恶补广告方面的知识，只用了一个月便转正成为正式员工。

“当时公司的规模不是很大，我的工作有时就显得很清闲，经常主动帮其他部门的忙。老板看在眼里，便逐渐给我一些额外的工作。我抱着学习的态度，一概来者不拒。我曾经在印刷厂连续盯单三天三夜，也曾为联络客户几乎跑遍了本市各区。后来，办公室的迎来送往差不多成了我的专职。

“随着对这个城市和这个行业的熟悉，我忽然发现拿那点薪水简直就是对自己不负责任。但是，向老板当面提出加薪，我总觉得难以启齿。也曾经想辞职不干，一走了之，可考虑再三，我决定还是直接向老板提出加薪。

“我至今还记得当时的情形。在听完我的要求后，老板满脸笑容地说：‘不好意思，这段时间挺忙的，把这事给忘了，我也一直有这个想法。’事情之顺利大大出乎我的意料。

“现在回想起来，其实开口说加薪没什么大不了，它是每一个老板和员工都要面对的，该提就提，该说就说。只要老板觉得你有用，他总会用尽办法留住你的，包括给你升职加薪。对于员工来说，待遇问题谈不拢，大不了一拍两散，另谋高就，也没必要在一棵树上吊死。”

机会是要去争取的，若想脱颖而出，女人除了努力工作外，还必须懂得展示自己的能力，才能主动给自己创造机会。

很多人以为，只要自己努力工作、默默耕耘、鞠躬尽瘁，老板就一定会知道。但老板很忙碌，他没有火眼金睛，掌管大局的他不可能事事都知晓，不可能清楚每一个下属的出色表现。所以，那些仍然心存侥幸，期待老板主动垂青的职场女人，不如自己早作准备，主动出击，去敲老板的门。但是要注意，敲老板的门也要讲究策略，否则会适得其反。

曹小姐这样回顾她的升迁经历：我曾有3次向老板提出加薪，每次的结果都不同，得到的教训也不同。

第一次是我在那家公司工作快3年了，对那份工作熟悉到近乎麻木的地步，而老板一直没给我加薪。我以熟悉业务为谈判条件，向老板提出加薪，老板不同意。此后，我们的关系大不如前，最后我不得不离开。

从那家公司出来，我跳槽做销售部秘书，负责协调处理各业务部门的工作。我依旧努力工作，但这种千篇一律、薪水又不高的工作实在不能令我满足。每天看着公司墙上悬挂的“业绩明星”照片，我认定，我一定不会比他们差。我又走进了老板的办公室，开门见山地要求加薪。不出所料，老板对我的要求非常吃惊，明白无误地告诉我，照公司规定，我所从事的工作只能拿这么多钱。这正是我等待的答案，于是我提出，想调到销售第一线。老板的态度顿时从惊讶转为惊喜，说公司本来就希望从内部选拔人才充实第一线团队，我们的想法一拍即合。以我的能力，做销售就等于给自己加了薪。

第三次提加薪，是为一个下属。那个工人在流水线上做了两年，他说，如果加薪不成，就要离职。我向老板汇报，老板起先不同意，说这样的员工再找一个就是了。但我仔细为他算了一笔账：这个工人的月工资是1800元，市场上可招聘的熟练工的起始工资是2000元，可如果在1800元的基数上，给这工人加100到200元，他就能安心地工作下去，还免去了招聘新员工带来的招聘费用和培训费用。于是，老板爽快地同意了加薪方案。

这3次经历使我明白，向老板提出加薪，一定要有理有据有节。只要你有真才实学、底气足，老板自会根据你的贡献加薪。倘若底气不足甚至是庸才一个，莫说加薪，就是保住位子也难。

“勇敢去敲老板的门”代表着一种冒险的决心与尝试的勇气，遇到关键时刻，绝大多数人都是在门外徘徊，犹豫在“要”与

“不要”的矛盾之中。对很多人而言，那扇门的后面隐藏了未知的恐惧，一旦有一天鼓起勇气把门敲开，结果就会发现那是一扇意想不到的、通往康庄大道的成功之门。

5. 聪明的女人不会只盯着工资单

很多人认为，员工与老板的关系只是一种雇佣与被雇佣的关系。为薪水而工作，看起来目的很明确，但其实容易被短期利益蒙蔽心智，看不清未来发展的道路。那些对薪水不满而对工作敷衍了事的人，自认为损害的只是老板的利益，实际上也损害了自己的利益。这样的人只能将自己的前程断送，一生只能做一个庸庸碌碌、心胸狭隘的懦夫。他们埋没了自己的才能，抑制了自己的创造力。

聪明的女人会时刻告诫自己：要为自己的现在和将来而努力。不管薪水多还是少，都应该清楚地认识到，那只是你从工作中获得的一小部分。不要一味地计较薪水的多少，而应该用更多的时间去接受新的知识，培养自己的能力，展现自己的才华，这些东西发展了，才能提高薪水，获得更多的利益。

或许老板可以控制你的薪水，但是，他却无法遮住你的眼睛，捂上你的耳朵，阻止你去思考、去学习。工作所给你的，要比你为它付出的更多。如果你将工作视为学习过程，那么，每一项工作中都包含着许多个人成长的机会。

所以在工作中，要随时保持积极主动的态度。即使暂时薪水微薄，也应当懂得，薪水只是工作的表面上的报酬，实际上你在工作中得到的更宝贵的东西是珍贵的经验、良好的训练、才能的表现和品格的建立。这些东西与金钱相比，价值要高出千万倍。

凯伦是一家大饭店的服务生，常因工作努力被评为最佳店员。这天，一位正在饭店进餐的顾客突然倒地，口吐白沫，四肢无力。众人见状大惊失色，纷纷指责饭菜中有毒。在这关键时刻，她镇定自若，先打了急救电话后又竭力安抚顾客，并向其他顾客保证饭菜里面不会有毒，但是绝大多数人还是不相信她说的话。这时，她不顾其他服务生的劝阻当场吃下很多饭菜。为防止谣言扩散，她还请求大家等医生来评判。这样，大家的情绪才有些安定。

不一会儿，急救车停在饭店门口。经验丰富的医生立刻断定，所谓的“中毒”者实则“癫痫病”发作。凯伦的勇敢和机智避免了一场虚惊向灾难演化，极大地维护了公司荣誉，因此，她受到公司的高度赞扬，不久就被提升为外事部主管。

没有女人不关心自己的薪水，但如果仅仅把工作当作赚钱的工具，那么，女人恐怕就要用一辈子来解决生存问题，而不是事业问题。固然，薪水要努力多赚些，但那只是个短期的小问题，最重要的是在工作中获得宝贵的经验、过人的能力，为事业打下良好的基础。

小丽在一家房地产公司做电脑录入，她长得并不好看，学历也不太高，小丽的打字室与老板的办公室之间只隔着一块大玻璃，老板的举止她只要愿意就可以看得清清楚楚，但她很少向那边多看一眼，小丽每天都有打不完的材料，小丽知道工作认真刻苦是她唯一可以和别人一争短长的资本。她处处为公司打算，打印纸不舍得浪费一张，如果不是要紧的文件，她会把一张打印纸两面用。

一年后，公司资金运作困难，员工工资开始告急，人们纷纷跳槽，最后总经理办公室的工作人员就剩下她一个。人少了，小丽的工作量也陡然加重，除了打字，还要做些接听电话、为老板整理文件的杂活儿。有一天，小丽走进老板的办公室，直截了当地问老板："您认为您的公司已经垮了吗？"老板很惊讶，说："没有！""既然没有，您就不应该这样消沉。现在的情况确实不好，可很多公司都面临着同样的问题，并非只是我们一家。而且虽然您的2000万砸在了工程上，成了一笔死钱，可公司没有全死呀！我们不是还有一个公寓项目吗？只要好好做，这个项目就可以成为公司重整旗鼓的开始。"说完她拿出那个项目的策划方案。隔了几天，小丽被派去搞那个项目。两个月后，那片位置不算好的公寓全部先期售出，小丽为公司拿到3800万的支票，公司也终于有了起色。

以后的4年，小丽作为公司的副总经理，帮着老板做了好几个大项目，又忙里偷闲，炒了大半年股票，为公司净赚了600万。

又过了4年，公司改成股份制，老板当了董事长，小丽则成了新公司第一任总经理。老板与相恋多年的女友终于结婚了，在婚礼上，新郎（老板）一定要请小丽为在场数百名员工讲几句话。

小丽说："我让公司赢利了，许多人问我是如何成功的，我说千万不要只为薪水而工作。"

那些职位低下、薪水微薄的人，忽然被提升到一个重要的位置上，尽管看起来似乎有些难以置信，甚至还会遭受人们的质疑，但是，在他们拿着微薄的薪水的时候，他们始终没有放弃努力，始终保持一种尽善尽美的工作态度，满怀希望和热情地朝着自己的目标努力，所以获得了丰富的经验，这才是他们获得升职加薪的重要原因。

如果你只专注自己的薪水，此外便再也没有其他目的。也就是说，在工作中，除了得到一份薪水之外，你没有远大理想，没有高尚目标，不关心薪水以外的任何东西，那么你的能力就无法提高，经验也就无法丰富，机会也就无法垂青于你，成功也就与你无缘了，那你无异于在自掘坟墓，自毁前程。

6. 没有朋友的女人很失败

没有朋友的女人是失败的，这不仅是说当你遭遇不幸的时候没有人能够与你一起分担痛苦，即使是面对快乐也没有人分享，这样的人生是何其萧瑟凄凉。

现代社会通信设备发达，为我们提供了越来越多结交朋友的可能和机会，可是每当悲伤无助的时候，每当孤独落寞的时候，每当失望彷徨的时候，每当开心快乐的时候，很多人拿起手机却并不知道可以联系谁。世界之大，却找不到一个可以与自己分享喜怒哀乐的人，这种悲哀是无以言表的。

有一句话说得好："可以无亲，不可以无友；可以无财，不可以无骨。”古人也曾说：“学而无友，则孤陋而寡闻。”的确，一个人行走于人世间，朋友真的是不可或缺的。

王莹的丈夫是她的初恋，当时她还只有20岁，是一个刚刚从学校走出来的女孩子，在她面前的世界是明媚和清新的。当时王莹的丈夫和她在同一个单位，只是处在不同的楼层，有时他们会在办公楼的楼梯上遇到，彼此也就是点个头，从来都没有说过话。

王莹和他第一次约会是因为那天王莹的部门要他的部门配合一项工作，当时两个部门碰巧派的就是他们，这样他们就自然而然地开始了第一次的接触。因为王莹是个比较有悟性的女孩，虽然刚工作不久，可是与他配合得很好。工作顺利完成以后，他以合作愉快为名请她一起吃晚饭，这样他们就算正式地认识并开始交往了。他比王莹大5岁，当时拼命地追求王莹，白天在单位，隔一会儿就要下楼来偷偷看王莹一眼。在如此强大的攻势下，王莹被打动了。

相处了一段时间后，王莹从同事们那里听说他原来有个女友，因为和王莹在一起而分手了。而且王莹也发现他身上还是有许多跟自己不合拍的地方，比如对事物的看法、喜好甚至吃饭的口味方面，但一考虑到他那么痴情，又为了她和别人分手，所以还是和他结婚了。可是婚后才发现，原来的不和谐不但没改变，反而变本加厉。生活中不管大事小事，他动不动就拿出当时追求王莹时的执着劲，不管对错一意孤行。王莹想离婚，但想到孩子还小，离了也怕孩子受苦。所以她每天生活在极度的被动和痛苦之中，但却又找不到一个可以倾诉的人来替她分担一点痛苦，给她一点建议。

男人和女人是来自不同星球的两种生物体，他们有着不同的立场。因为身体构造的差别，男人和女人的思维方式也不同，所以男人永远也无法人懂得怀孕的女人为什么会这么焦虑，也不能懂得女人对衰老的恐惧。

但是朋友，可以在你悲伤无助的时候，给你安慰与关怀；在你失望彷徨的时候，给你信心与力量；在你成功欢乐的时候，分享你的胜利和喜悦。在人生旅途上，尽管有坎坷、有崎岖，但有朋友在，就能给你鼓励、给你关怀，并且帮你度过最艰难的岁月。

人生匆匆而过，而这样的几种朋友在女人的一生中一定要有：

(1) 发小

发小就是从小一起长大的朋友。一起上幼儿园，一起跳房子，一起跳皮筋，一起抓羊拐，一起捉迷藏。快乐时互相赠送发夹，不高兴时相互要回娃娃。也许这样的朋友不会再有很多次的相聚，甚至可能长大以后都不曾再见过。可每每想起，烂漫的眼神，纷繁的岁月，还有那时少女的青涩，会洗去一身的疲惫，让天真短暂回归。

(2) 闺密

闺密，就是闺中密友。在感情跌跌撞撞的时候，可以相互诉说，或哭或笑，或怒或忧，或喜悦或悲痛。她那里，是在和老公或是男朋友生了气可以投奔的地方，也是可以让老公或是准老公轻易找到、又可以从她那里受到教育、得到台阶把你接回去的地方。这个朋友见面不一定多。但有了这个朋友，心可以放肆可以骄纵，笑可以开怀，哭可以失声。

(3) 损友

损友，就是陪你快意恩仇的朋友。想放纵的时候，她可以和你泡酒吧，可以大醉以后胡言乱语；可以一起举杯，大声地吟咏“明月几时有，把酒问青天”；可以忘却礼仪，妙语连连，也可以随意地评说身边走过的“俊男”，说到会意处，哈哈大笑，内心涌起一波又一波的豪情。

(4) 网友

网友，应该是在网上有相同想法的朋友。因为每个女人都具有双面性：优雅的一面，惊艳的一面；沉默的一面，活泼的一面；刚强的一面，软弱的一面。如同鱼和熊掌不可兼得一样，这种双面性在现实中也是无法同时满足的。而即使最成熟的女人，在心底深处也保留着孩童的心理。于是网络就成为成就女人心思、成就女人白日梦的最好场所。因为距离，因为陌生而无所顾忌，指尖在键盘上跳跃。无声的画面一幕幕展开，虚幻中展现另一个真实的自己。在无聊的时候，这个朋友可以和你一起挥霍无聊的时间。

女人，一定不要让友谊这个词从你的灵魂中剥离，不要让生活的重心偏离了快乐的轨道。任由时光一点一点地流走，你都要拥有随处可及的朋友：有小时候的玩伴和你一起回味天真，有念书时的闺密与你一起分享心事，有损友陪你一起放纵，有网友可以挥霍无聊的时光——这样的人生才是快乐的人生。

7. 善于低头的女人最厉害

一个逞强好胜、乐于竞争的女人，不但不招男人喜欢，就连女人也不会喜欢。在她雄心勃勃地同别人较着劲，并通过某种竞争来证明自己的能力时，并没意识到她获得成功的同时实际上也收获了失败。

在这个时时要求成功，处处强调竞争的时代，本书一直在呼吁女人们要坚强、要独立，为什么现在又说要示弱呢？这是不是有点前后矛盾？当然不！

女人要在适当的时候学会示弱，只有这样才能达到以柔克刚的效果。一个强势的女人，男人们会将其视为对手；一个柔弱温存的女人，却令男人们无法不疼惜。

梦珂是一所名校的高才生。在一家大型房地产公司的招聘中，她以靓丽的外貌、精彩绝伦的口才技压群芳，成为公司销售部的业务员。

老板还花钱专门送她和其他的几位“新人”去接受培训。如果上手快，他们以后将会是公司业务的台柱子。

梦珂不仅美丽，人也很聪颖。培训完回公司后，老板让公司“前辈”安大姐带她跑销售。起初，梦珂出于对前辈的尊敬，有了问题，时常会向安大姐请教一下。

但不久进入角色后，她那原本孤傲的性情就开始暴露出来。

“安大姐，这么简单的电脑程序你怎么都不会用呀？这是个小

Case嘛!"

"大姐，你这套衣服搭配得不协调，客户见了会说我们公司员工缺乏品位。"

"老安，紧缠着客人不妥吧！注意，热情过头有时效果会适得其反啊!"

本来，安大姐对接纳这位美貌的"才女"就心存忧虑，没想到，她这么快就对自己"颐指气使"了。安大姐是那种修养极好的人，表面上虽不动声色，但已经开始对梦珂筑起了一道心理防线。

依仗着自己刚刚建立起来的客户网，梦珂还把自己独立出那批新人的圈子外。她觉得自己适应能力强、起点高，加之又有了老板对她的器重，她自信能很快地成为老板的左右手。

于是，在自我感觉良好的状态下，梦珂傲视同仁，毫无顾忌地与所有的人争抢客户，锋芒尤盛。其做派和咄咄逼人的竞争架势令新老同事们退让三舍，避之不及。

果然，在年终总结会上，梦珂销出去的楼盘是最多的，业绩也当然是最突出的。老板对她的能力十分赞赏，有意提拔她当销售部经理。但是，当老板试图了解下属们对梦珂的评价时，大家要么闪烁其词、要么沉默不语。

但最后发出的共同信息是：他们不会欢迎这位冷美人来当"领头羊"。因为在她的手下干事，肯定有一种芒刺在背的感觉。

老板虽然是说话算数的人，可是不得不考虑大部分人的意见，最终，也只得放弃了提拔梦珂的想法。这样的结果是在梦珂意料之外的，她原以为自己升职是稳操胜券的事。

于是，不解的梦珂找到了老板询问，老板说："你的能力固然是有目共睹的，不过，强势也不必一定要在压倒别人的时候才能显现。须知，我们要取得真正意义上的成功，仅仅依赖某个能人的单拼独斗是不够的，必须要靠团队精神和众望所归的凝聚力。”

老板的话是比较委婉的，聪明的梦珂怎么能不明白呢？

没有谁是万能的，最聪明能干的女人，有时也得学会低下高傲而美丽的头颅，学会适度地示弱，适时地承认自己不足的一面，才能在职场上争取到更广阔的发展空间。

其实，不仅在职场，在家庭生活、人际交往、为人处世方面，一个懂得适度示弱的女人，才显得真实、诚恳、可爱。不肯示弱，即使已经很“弱”，也一定要硬撑着以假象示人，除了让人觉得你虚伪、生硬外，更觉得你可怜和可笑。我们在平常的生活中，学会适度示弱，能取得逞强不能达到的效果。

有对年轻的夫妇结婚3年了，常为一些鸡毛蒜皮的事吵。女人总是争强好胜，每次都占尽上风，搞得夫妻矛盾恶化，闹到要离婚的地步。朋友听说后，告诉她：在平常的争吵中，就算你理由充分，你也不必得理不饶人。男人这德性，在女人面前，明明是自己错了，他也不会当面认错的。那就让他充硬好了，你先软下来，装着受尽委屈的样子，让他自己明白有错在先，从心底对你认错服输。这样，你的示弱比逞强的效果胜百倍。后来，这个女人听了朋友的劝告，在以后的生活中，学会了恰到好处的示弱，他们的夫妻关系果然融洽了许多。夫妻间再也没有为那些细小的家庭琐事争吵不休，彼此多了一份理解和恩爱。

生活中向人示弱，你可以小忍而不乱大谋；工作中向人示弱，你可以收敛触角蓄势待发。强者示弱，可以展示你的博大胸襟；弱者示弱，可以让你在未强大之前，不至于四面受敌伤痕累累。

示弱，是一种经营人生的策略，需要一定的智慧和技巧。在现实生活中，这种人生策略往往让我们许多人忽略。我们都喜欢逞强而不甘示弱。我们宁可家庭破裂，也不愿向爱人低下头。但冷静下来，我们不难发现，在强手如林的社会竞争中，我们常因为忽略了示弱，无形中拉长了抵达成功彼岸的直线距离。

张爱玲说过："善于低头的女人，是厉害的女人。"善于低头不是一味低头，而是适度示弱，也并不是无原则地软弱退让、屈膝投降，而是在一定限度内寻求妥协与合作。成功的女人都懂得在适当的时候收敛、示弱，因为这才是真正使她们立于不败之地的法宝。

一个女人学会适度示弱，不仅能得到爱人的体贴和宠爱，也能在工作和社交中赢得良好的人际关系，为自己的生活和工作带来更广阔的空间。

第十章

心若优雅，岁月静好现世安稳

女人优雅之树的根，要深扎在文化与经济的沃土里才枝繁叶茂。当优雅成为一种自然的气质时，你一定能让岁月静好，因为你已把握了自己的人生。

1. 童心不泯的女人不会老

想要当一个可爱的女人，童心是必不可少的条件之一。

即使你已经是个身居高职的女CEO或者已经为人母也不再青春，但无论怎样，请还是尽量保持着一颗童心，哪怕这点童心已经被身份、责任，或者是其他太多的东西压制、遮蔽而成为你性格中很少的一部分。因为只有一个女人童心闪现的时候，才是她最真实，也是最具魅力的时候，而她自己也会因为这颗像孩子般纯真、善良和带着梦想的心而拥有很多学历、地位、金钱所不能带来的幸福感。

真正的童心不是矫揉造作的“很傻很天真”。童心是生活的一种态度，是生命的一种境界，是对自我的无条件悦纳和关爱，是对生活、对世界的欣赏和热爱。保留一份童心，即使女人步履蹒跚、容颜已改，依然会拥有洞察这世界的清澈眼睛，还有发自内心灿烂的笑容。下面就一起来看看女人的这些可爱瞬间吧。

(1) 自由的心灵让女人悦纳自我

我们习惯了成人世界的条条框框，但这时我们的心灵也锁上了枷锁，潜意识告诉我们什么是对错，但也许事实并非如此。有时候，我们喜欢自己，是因为别人称赞自己；我们对自己不满，是因为自己的行为违反了规矩。我们的心灵因为成人世界而变得不再自由。

心灵受到约束的女人很可能不能自如地表达自我。孩子们遇到开心的事情会笑，遇到悲伤的事情会哭。他们不会去介意周围世界的反应，他们只是在表达自己的情绪。相反，成人的世界就不一样，你可能渴望被别人理解，但你却不能自如地表达自己的情感。你会有很多顾虑。你心里想的是我“应该”怎么做，而不是我“愿意”怎样表达。

因此，向孩子们学习，在适当的时候为心灵打开枷锁，像孩子一样认同自己、喜欢自己、欣赏自己，从而快乐自己。

(2) 欣赏的情怀让女人接纳他人

孩子的心灵是宽广的，他们从不先入为主对谁心怀芥蒂，也不会苛求自己和别人。在成人的眼里，每个人呈现的形态就不一样了。成人总是难免戴着有色眼镜看待周围的人，容易因为一个人的某一个优点就全盘接受对方，有时也会因为一个细微的缺点而全然否定对方。女人是敏感的动物，对人的感受尤为如此。出于自我保护，我们也很容易怀着一颗戒备之心，戴上伪装的面具去与别人交往。这样可能会错失与人真诚面对的机会。

(3) 好奇的眼睛让女人享受生活、丰富阅历

心理学家对好奇的定义是，个体对新异刺激的探究反应。孩子的心灵是纯净的，他们拥有明亮的眼睛，并且对这个世界充满好奇。孩子们的“十万个为什么”常常让我们惊叹他们的想象力如此之丰富、好奇心如此之广泛。

每个女人的生活都应该是新鲜的、充满情趣的。而好奇心则会为你增添生活的乐趣，成为你快乐的源泉。在你和一个人相处的时候，在你与自己的宠物在一起的时候，在你找寻美食小店的时候，在你试穿新衣服的时候，你不需要那么理性，你应该用你孩子般的好奇心去打量、探究这个世界，寻找属于你的快乐。如果一个女人对世界失去了好奇，那么世界也会对她失去好奇。千万不要让你的生活变成一潭死水，只有不断追求新鲜、美丽的事

物，女人才能更新自我。

(4) 美丽的梦想给女人目标和享受达到目标的过程

孩子最初的梦想总是多姿多彩的，而且通常是发自内心的，这些梦想总是和追求美好、追求自由、追求幸福联系在一起的。当一个女人有了梦想之时，她就应该努力去实现这个美丽的梦，并且享受在达标过程中的乐趣。

你还记儿时的梦想吗？你现在怀揣着什么样的梦想？也许在钢筋水泥的城市丛林中，你正企盼着骑上旋转木马；也许面对着每天来往相似的面孔，你希望得到哆啦A梦的任意门，门一打开就到了另一个世界；也许面对着电脑屏幕和数字键盘，你希望去一个奇妙的异国他乡来一次旅行……美丽的梦想不是孩子的专利，只要有梦，说不定哪一天你的梦想就实现了呢！正因为现实总是从梦想开始的，所以梦想才那样可贵。

2. 书香，是优雅女性必备的气质

作为新时代的女性，拥有丰厚的内涵和扎实的“功底”，与外在的美丽同样重要，因而阅读以汲取滋养心灵的营养和智慧就成为新知性女人的必修功课。

撒切尔夫人在一次公众演说中说过：“智慧是优雅女性必备的素养。”可见，是智慧成就了优雅的内在，任何一位女性的优雅与美丽都必须以智慧做底，否则，外在的优雅只是一个易碎的玻璃外壳。一个人的智慧、才华、灵气是生长在一定知识平台之上的，知识越多，女人智慧的底气就越丰厚，美丽也就越能摆脱小家碧玉的拘谨，成就大家风范。

一个女人最具魅力之处，即在于心中藏有一座开掘不尽的精神矿藏，它有能力让自己的美丽与时俱进，任年岁渐长，始终能给人一种常新的迷人魅力。想要获取这种魅力，秘诀就是内外兼修，从美化心开始打足底气，持之以恒地积累自己美丽的资产。

阅读的力量即在于以知识充实我们的精神空间，增长我们的智慧，滋养我们的心灵。阅读给我们带来圆融的生命智慧，它是女人生命最恒久的妆容。

(1) 书，是最经久耐用的化妆品

女人的知识和教养都是从学习中得来的。以书润心，可以培育出女人清新淡雅的气息，让女人的聪慧与日俱增。一个不爱看书、不爱学习的女人，很容易被时代淘汰。

但在这个世界上，并不是所有的女人都爱看书。

萍就是一个不爱看书的女人。她今年28岁，结婚已经3年，一直没要孩子。婚后萍就辞职了，在她看来老公工资高，自己不需要工作，只要安心“相夫”就好。每天，萍早起给老公做饭，送走了老公就打打麻将、做做家务、看看电影、上上网。可不知道为什么，萍觉得老公对她越来越淡漠，每想到这里萍就很不开心，立即揣上钱包出去逛街。对她来说，购物可以忘记一切不快。

偶尔，她还会和大学时期的好友见个面，把自己的苦水向朋友倾吐一番：老公不爱她了，老公可能有外遇了。在她看来，自己老了，男人当然会把眼睛投向更年轻的女孩。于是，谈话又转向对所有年轻女孩的人身攻击。谈着谈着，就谈到了她那不守妇道的漂亮女邻居，还有另一单元楼时常对她大献殷勤的男人。末了，她还不忘说一句：不要和别人说啊，这些事别人知道了不好。

说到这儿，人们以为萍一定是个不修边幅的黄脸婆。可实际上，萍很时尚。她选用最好的化妆品，穿最名牌的衣裙。有时间她也会看看好莱坞的片子、吃西式快餐，心情好了还会打打网球、听听摇滚。大学里积攒的英文单词她还勉强记得几千个，歌星影星的名字至少也知道几百……

在萍看来，自己是最懂得生活的女人，她不明白为什么自己在老公眼里竟然那么索然无味。

在我们的身边，有很多女人都和萍一样。大学一毕业，求知欲也跟着毕业了。她们的脑子里来来回回转着的就是男友、老公，偶尔还会关注一下周围人的是是非非，或者是自己的新衣服，以及眼角悄悄爬上来的皱纹。

至于自己的内心，她们想也顾不上想。这样的女人，不管容貌如何漂亮，衣着如何光鲜，认真体味起来都是无味的。女人不看书，就不能时时把自己的智能翻新。看书可以让自己的气质新陈代谢，一年优雅过一年，像计算机的系统一样，时不时要跟进，免得落伍老土。

女人看书应该是一个长期的过程，别以为自己拿了文凭就可以一劳永逸，稍微一懈怠，你就可能被抛在时代的后面。女人的气质修养要靠长期阅读来培养，仅凭大学里读的几本书是远远不够的。当然，在现在这样一个知识高度集中的时代，很少有人能够博览群书，因为精力与时间都很难保障。所以，在选择书籍的时候，女人可以根据自己的情况自由选择，适当弥补自己知识体系中的一些空白与不足。

(2) 读“好”书，得注意营造舒适的阅读环境

欣欣很爱读书，不过她读起书来很有讲究。她不肯在工作闲暇时候看书，觉得那样看书太肤浅，看不透书的真正内涵。欣欣看书一定要等下班后，舒舒服服地吃了饭，安安心心地捧本书在书房里阅读。不在自己的书房里读书，欣欣就觉得不自在，书读得也不痛快。

单位的同事们对于欣欣的“阅读环境论”实在有些不解，最为好奇的几个便决定去欣欣的书房一探究竟。欣欣的房子是一室一厅，根本没有专门书房，这个书房是欣欣用一个大大的书橱在客厅里另辟出来的。走进书房，似乎就进了另一个天地，与客厅里的感觉完全不同。在同事们最初的想象中，欣欣的书房一定很艳丽，因为单身女孩子都比较喜欢浓妆艳抹式的装修风格。可欣欣的书房十分简单朴素，要知道，太花哨通常也就不是书房了。

欣欣的书房陈列很简单，书橱上满满地排列着书籍，书架旁边摆着实木的桌椅，上面胡乱放着些办公用品。靠窗的位置是一个休息用的沙发，几个可爱造型的抱枕安静地躺在沙发上。沙发的前面是一块方形地毯，地毯上扔着一条毛毯，几个松松软软的大枕头。窗台上，几盆花正开放着，散发着淡淡的香气。

看了欣欣的书房，同事们心悦诚服。而且身在其中，竟然也有了阅读的欲望。

可见，阅读环境对于读书的影响的确很大。

不过，提醒大家，书房的装饰不要过于烦琐、炫目，光线也不宜过于昏暗。很多女孩子喜欢咖啡厅里那种柔和、暧昧的光线，可那种光线实在不适合阅读。书房的家具最好选择一些

中性的色彩，书房的墙面、天花板色调应选用典雅柔和的色调，如淡蓝、米白、浅绿、灰蓝、灰绿色等较为合适。窗帘的材质一般选用既能遮光、又有通透感觉的浅色纱帘，高级柔和的百叶窗效果更佳。

写字台是书房的主角，一般要放在阳光充足但不直射的窗边，这样在工作疲倦时可凭窗远眺一下以休息眼睛。如果你的书房里有很多电子设备，机器散热很容易使空气变得污浊，所以要保证书房的空气对流顺畅。同样，摆放绿色植物，例如万年青、文竹、吊兰，也可以达到洁净空气的目的。

(3) 心理、励志类书籍，教你关照自己的心灵

可兰是一个30岁的IT从业者。在她看来，阅读心灵类书籍并不能让她免除所有抑郁，它不可能囊括一切，但是却常常提醒自己沿着幸福之路前进。

可兰用在书上的钱并不多，因为她不仅仅从书店买书，更多的是到图书馆借阅。可兰从来不规定自己看书的频率和数量，只要有时间、有需要，她就会拿书来读。然而，就是这样廉价而随性的阅读，给可兰的心境带来了极大的慰藉。

可兰看得最多的是心灵类书籍，因为她喜欢书里讲述的那种宽容平静的心态。正是因为阅读了这些书籍，让她觉得，只要抱着一颗感恩、施与的心去看待周围的人和事，内心的那种得失就会荡然无存，工作中的是非压力也会烟消云散。所以，每当可兰心情低落的时候，一定会把这些书捧在手里，默默地阅读一会儿，用不了多久，心情立即就会得到平复，甚至可以说是“立竿见影”。

可兰还推荐大家阅读佛学类书籍，认为这类书籍很适合现在生活节奏过快的都市人。这些书籍往往会以优美的文字和心灵鸡汤一般的故事，通俗地传达出深奥的佛学原理，注重的是心灵上的引导，而非佛学的说教。读这类书籍，可以让你拥有一个免费的，而且无时不在你身边的心理“导师”。

现代社会，女人的生活是紧张忙碌、压力巨大的。这样的日子日复一日，年复一年，谁都难免会有身心疲惫的时候。这个时候，女人一定要给自己寻找一个憩息身心的地方，一个让自己喘一口气、稍作休整的“小岛”。只有适当地给心灵松松绑，我们才不会像那些候鸟，等到自己精疲力尽的时候，一头栽进大海。

那么我们要怎样才能为心灵松绑呢？具体方法因人而异，但不妨先打开书卷，阅读直击心灵、励志温暖的话语，尽力去清除困扰你的情绪渣滓，不让它们控制你的心灵。

3. 迷上一个除了爱情之外的健康喜好

有一位著名作家说过：“任何一种兴趣都包含着天性中有倾向性的呼声，也许还包含着一种处在原始状态中的天才的闪光。”拥有自己兴趣爱好的女人是懂得享受生活的女人。

爱读书的女人懂得品味生活，喜欢听音乐的女人懂得体会生活中的跌宕与起伏，喜欢画画的女人则懂得欣赏平凡之处流露的美丽……

总之，拥有自己兴趣爱好的女人，更懂得生活的真髓与本质，她们不断地体验生活，享受生活，使自己的人生更加精彩。

一个有自己兴趣爱好的女人，一定是一个懂得拥有自己空间的女人，她的世界不再仅仅是围着老公、孩子、家务转，她的内心更加饱满充盈，生活更加诗意。

一个拥有自己兴趣爱好的女人绝不是一个古板的女人，她热情而又灵动，富有活力而又健康。沉浸在自己的世界里时，她是最美的：读书时，她是一种端庄的美；健身时，她有一种健康的美；看风景时，她有一种悠然自得的美。她的美种类繁多，却又无处不在，动静皆宜，使她身边的男人沉醉！

若瑶是一个懂得生活的女人。学生年代，若瑶有很多兴趣爱好，她喜欢读书，有时间时总是手捧一本书，一杯清茶，静静地读书喝茶。当初，就是这样一个恬淡的场景吸引了若瑶现在的老公，她的老公说他从那时才发现女人认真读书的样子很吸引人。若瑶还喜欢听音乐，生活中，无论她碰到多么难过的事情，心情是多么糟糕，一曲轻音乐听完，心情就能顿时放松。另外，若瑶还每个星期都去学习瑜伽，长期的练习，使若瑶不仅拥有比其他女人更好的身材，并且气质也更加出众。

结婚后，若瑶不仅保留了这些兴趣爱好，而且还增加了新的爱好！她跟着儿子的书法老师学习毛笔字，不仅可以督促儿子的学习，而且偶尔露一手，常常让人赞叹不已。社区里在搞绿化，若瑶于是也买了几盆花来养，每天浇水修剪，几个月下来，葱葱郁郁，花香扑鼻，放在客厅里，给客厅增色不少。看到老公与朋友下象棋，她也跟着学习，学会后常常邀老公一战，夫妻两个楚河汉界，刀光剑影，你争我杀，不亦乐乎。

更重要的是，若瑶有了自己的生活空间，不再像别的女人一样每天因为无事可做就盯着老公和孩子挑毛病，弄得家里乌烟瘴气。相反，每天她忙着自己的事情，下班做好家务后看看书，听听音乐，有时应老公的邀请和他下一盘棋，和儿子练练书法，全家人一起娱乐，外人都称之为“全家总动员”。没有压力和争吵的生活也使若瑶越活越年轻，变得更有魅力了。

若瑶的故事告诉我们：女人拥有自己的兴趣爱好，不仅会因为有了自己的空间而更加快乐，也会使家庭的氛围更加良好。有自己兴趣爱好的女人是美丽的，她的美丽是对生活的一种从容。她可以把生活的压力，人生的不快转移到自己的兴趣爱好中，使自己活得更加从容快乐，也使家人更加快乐。

一个懂得生活的女人必然热爱生活，而兴趣爱好则是她热爱生活的体现。这些兴趣爱好可以让你更加充实，让你更加坚强地面对生活中的低谷与挫折。

那么具体来说，女人应该培养哪些兴趣爱好呢？

(1) 学习练习瑜伽

瑜伽是现在很时髦的一种运动，它起源于印度，尤其适合女性。瑜伽不仅可以减肥，还可以调节舒缓神经，调节女性内分泌，使完全放松的身心得到净化，使人更具有女人味。

(2) 常听音乐，神清气爽

音乐渗透人的整个生命，贝多芬说：“音乐是比一切智慧、一切哲学更高的启示，谁能参透音乐的意义，便能超脱寻常人无以自拔的苦难。”海顿说：“当我坐在那架破旧古钢琴旁边的时候，我对最幸福的国王也不羡慕。”柴可夫斯基说：“音乐是上天给人类最伟大的礼物，只有音乐能够说明安静和静穆。”

音乐能舒缓女性脆弱的神经，消除女性沉重的压力，还可以陶冶情操，提高素质，使你成为一个更加有修养的女人。所以，女性不妨多培养自己在音乐上的兴趣。

4. 冷静地发掘适合自己的时尚特质

其实，每个人都有属于自己的气质，只是看你自己怎么表现出来而已。自信拥有气质的女人从不对时尚发高烧。时尚总是披上小资、中产等外衣以博女人芳心，而有气质的女人对时尚的温度永远是37℃——不冷不热、不温不火。她们绝不会“削足”以适之或狂热以追之。

千万不要因此认为她不解风情。服装给人的第一印象是色彩，而有气质的女人懂得根据配色的优劣来决定对服装的取舍，来评价穿着者的文化艺术修养。服装配色对穿衣打扮的重要性可见一斑。服装色彩搭配得当，可使人显得端庄优雅、风姿绰约；搭配不当，则使人显得不伦不类、俗不可耐。

要做有气质的女人就要从时尚中冷静地发掘适合自己的特质，在现在这个色彩缤纷的世界里选择适合自己的颜色。

根据肤色进行搭配

(1) 皮肤发灰：这类女人衣着主色应为蓝、绿、紫罗兰色、灰绿、灰、深紫和黑色。这类肤色不宜采用白色作为衣着和装饰，不太适合粉红和粉绿，其他颜色均可以穿着。

(2) 皮肤黝黑：宜穿暖色调的衣服。以白色、浅灰色、浅红色、橙色为主。也可穿纯黑色衣着，以浅杏、浅蓝作为辅助色。黄棕色或黄灰色会显得脸色明亮，若穿绿灰色的衣服，脸色会显得红润一些。不宜与湖蓝色、深紫色、青色、褐色搭配。

(3) 肤色呈黑红色：可以穿浅黄、白或鱼肚白等色的衣服，使肤色和服装色调和谐。要避免穿浅红、浅绿色的服装。

(4) 肤色红润：适合采用微饱和的暖色作为衣着，也可采用淡棕黄色、黑色加彩色装饰，或珍珠色用以陪衬健美的肤色。不宜采用紫罗兰色、亮黄色、浅色调的绿色、纯白色。因为这些颜色，会过分突出皮肤的红色。此外冷色调的淡色，如淡灰等也不相宜。

(5) 肤色偏红艳：可以选用浅绿、墨绿或桃红色的服装，也可穿浅色小花小纹的衣服，以造成一种健康、活泼的感觉。要避免穿鲜绿、鲜蓝、紫色或纯红色的服装。

(6) 肤色偏黄：要避免穿亮度大的蓝、紫色服装，而暖色、淡色则较合适，也可穿白底小红花或白底小红格的衣服。这样会使面部肤色更富有色彩。

(7) 皮肤黑黄：可选用浅色质的混合色如浅杏色、浅灰色、白色等，以冲淡服色与肤色对比。避免穿棕色、绿色、黑色等。

(8) 肤色较白：不宜穿冷色调，否则会越加突出脸色的苍白。这种肤色一般比较不挑衣服的颜色，一般可以选用蓝、黄、浅橙黄、淡玫瑰色、浅绿色一类的浅色调衣服。穿红色衣服可使面部变得红润。另外，也可以穿橙色、黑色、紫罗兰色等。

(9) 白里透红：是上好的肤色，不宜再用强烈的色系去破坏这种天然色彩，选择素淡的色系，反可更好地衬托出天生丽质。

根据身材进行搭配

除了肤色，人的体型也是多种多样的，在衣服色彩上也要进行不同的选择。如何巧妙地扬长避短，衬托出人体的自然美，是服装的一大任务。服装的色彩对人的视觉有极强的诱惑力，若想让其在着装上得到淋漓尽致的发挥，必须充分了解色彩的特性。如：浅色调和艳丽的色彩有前进感和扩张感，深色调和灰暗的色彩有后退感和收缩感。

（1）体型较肥胖：宜选用富于收缩感的深色、冷调，使人看起来显得瘦些，产生苗条感。如果穿浅淡色调，脸上的阴影很淡，人就显得更胖了。但是肌体细腻丰腴的女性，亮而暖的色调同样适宜；胖体女性最好不要穿带有夸张花色的图案的衣服。选择纯色或有立体感的花纹，竖色条纹能使胖体型直向拉长，产生修长、苗条的感觉。胖人穿短上装时尽量避免短裙，上装和下装比例不要太接近，比例越大越显修长，外套依然是敞开穿效果最佳。

（2）体型瘦削：服装色彩选用富有膨胀、扩张感的淡色，或沉稳的暖色调，使之产生放大感，显得丰满一些，而不能着清冷的蓝绿色调或高明度的明暖色，那会显得单薄透明弱不禁风。还可利用衣料的花色调节，比如大格子花纹，横色条纹能使瘦体型横向舒展、延伸，变得稍丰满。

（3）梨形身材：属于上身比较瘦，腰细，大腿粗，臀部过大。在着衣时上装应用明色调如白、粉红、浅蓝等；下装用暗色调如黑色、深灰色、咖啡色等；上下对照，突出上身上的纤细，隐藏下身效果会好些；臀部太大的，不宜穿太短的外套。超短外套，在搭配上要特别小心，以免自暴其短。不妨把短外套不系扣敞开穿，里面搭配的衣服也要短，刚好过肚脐，与裤腰衔接，最能营造出腿长的错觉；另外，底摆选略宽松的、不会和下装紧贴起来的外套最漂亮。

（4）苹果形身材：属于上身圆胖、胸大、腰围显粗，而腿比较细。这种体型恰好和梨形相反，上身宜穿深色系衣服如黑色、墨绿色、深咖啡等。下装着明亮的浅色如白、浅灰等。白色的长裤搭配黑色的上衣效果非常好。

（5）腿短的体型：上装的色彩和图案比下装华丽显眼一些，或者选择统一色调的套装，也可以增加高度；尽量穿暗色调的长裤等。

（6）腿肚粗的体型：不论穿短裙还是穿裤子，长、短袜都尽量用暗色调，以使腿肚显得细一点儿。

（7）粗腰体型：最好穿深色的上衣如黑色、深咖啡，束一条与衣服同色或近色的腰带，会产生细腰的效果。

（8）肩窄的体型：上装宜用浅色或带有横条纹的衣着，增加宽度感，下装宜用偏深的颜色，更加衬托出肩部的厚实感。

（9）下盘丰腴的女性：穿流行的短外套时，可将底下的毛衣或是针织衫放出来，或在低腰处系条中款或宽版腰带，能平衡上下身的比例线条，还可起遮掩修饰之效。脖子较短的女性，不宜穿高领的服装，这样就更突出自己的缺点！适宜用V领口和低领口的服装来装扮自己。

（10）正常的体型：选择服装色彩的自由度要大得多，亮而暖的色彩显得俏丽多姿，暗调、冷色系也可搭配得冷峻迷人，选用流行色更加富于时代色彩。只需要考虑适合肤色和上、下装色彩的搭配就可以了。

5. 随时随地，送给对方微笑的“花朵”

女人的微笑可以表现出温馨、亲切的表情，能有效地缩短双方的距离，给对方留下美好的心理感受，从而形成融洽的交往氛围，反映出本人高超的修养、待人的真诚。微笑有一种魅力，它可以使强硬者变得温柔，使困难变得容易。

微笑是世界上最美丽的花儿，如果一个女人常常送“花儿”给别人，那她无疑就成了一个人见人爱的天使。

女性最能打动人的也是微笑。世界名模辛迪·克劳馥曾说过这样一句话：“女人出门时若忘了化妆，最好的补救方法便是亮出你的微笑。”微笑，本不是女人的专利，但女人从心底里发出微笑时，却可以让灰暗的人生焕发出靓丽的光彩，让平庸的世界创造伟大奇迹……

达·芬奇的名画《蒙娜丽莎》中，那神秘而安详的微笑只属于女人，那永恒的微笑几个世纪以来不知迷倒世界上多少人。

时刻微笑着，这是Twins姐妹始终能够得到歌迷心爱的不二法宝。她们脸上那发自内心的甜美微笑，博得了亿万歌迷的喜爱，给她们带来了巨大的成功。

香港凤凰卫视的著名主持人吴小莉，有着一张与众不同的会笑的嘴——嘴角略微往上翘。她曾说过这样一句话：“我希望我的生活是不断的快乐的积累。”

每天面对所有人开心微笑的女人才是最聪明的女人，每天面对所有人甜美微笑的女人才是最美丽的女人。

微笑的女人笑容绽放在脸上，心里充满阳光，虽然她们不能改变世界，但最起码可以使自己的周围温煦如春，暖意融融。因为微笑是和煦的春风，微笑是快乐的精灵，微笑是看不见的财富。

把微笑送给别人，自己会体验到一种真正的愉悦，心情好了，幸运也会更多地光顾你。

一家信誉很好的连锁花店，高薪聘请一位售花小姐，招聘广告张贴出去后，前来应聘的人有四五个。经过仔细地筛选后，老板选出了3位女孩让她们每人经营花店一星期，以便最终挑选一人。这3个女孩长得都很漂亮，很适合卖花，她们一个有丰富的售花经验，一个是花艺学校的应届毕业生，最后一个是一位待业女青年。

有过售花经历的女孩一听老板要以实战来考验她们，心中窃喜，毕竟这工作对于她来说驾轻就熟。每当有顾客进来，她就不停地介绍各类花的花语以及给什么样的人送什么样的花，几乎每一位顾客进花店，她都能说得让人买去一束花或一篮花。一个星期下来，她的成绩非常不错。

轮到花艺女生经营花店时，她充分发挥自己所学的专业知识，从插花的艺术到插花的成本，都精心琢磨。她的专业知识和她的聪明为她一星期的鲜花经营也带来了相当好的业绩。

待业女青年经营起花店，则有点放不开手脚，甚至刚开始还有点手足无措。然而她置身于花丛中的笑脸简直就是一朵花，从内心到外表都表现出一种对生活、对工作的热忱。一些残花她总舍不得扔掉，而是修剪修剪，免费送给路过花店的小学生；而且每一个买花的顾客，都能得到她一句微笑着说出的祝福——“鲜花送人，手有余香”。顾客听了之后，往往都会开心地回应她一笑，然后快乐地离开。尽管女孩努力干了一星期，她的业绩和前两个女孩比还是有差距。

出人意料的是，老板最终竟然选择了那个待业女青年。人们不解——为何老板放弃业绩好的女孩，而偏偏选中业绩差的？

老板自有他的道理，他说：用鲜花挣再多的钱也只是有限的，用如花的心情、如花的微笑去挣钱才是无限的。花艺可以慢慢学，经验可以积累，但如花的心情不是学来的，因为这里面包含着一个人独特的气质……

"一笑倾人城，再笑倾人国。"女人的笑容往往具有强大的力量。一个真正懂得笑的女人，总能轻松穿过人生的风雨，迎来绚烂的彩虹。

从现在开始，从今天开始，面对每一个人充满自信地微笑吧！因为："世界像一面镜子，当你向它微笑之时，它必以笑颜回报。"

6. 树立礼仪意识——"请"和"谢谢"没那么难

尽管有些细节忽略也无伤大雅，甚至不会对商务活动造成什么大的影响，但这些细节往往会让对方在心里对你产生厌恶反感的情绪，使你成为一个不受欢迎的人，无论对于你的人脉积累还是职场生涯都将是败笔，因此要正确地树立礼仪意识，在商务活动中从严要求自己，从每一个细节上提高修养，展示一个优秀职场人士的礼仪之美！

这里列出几点特别需要重视的礼仪：

(1) 众欢同乐，切忌私语

商务宴席大都比较隆重正式，到席宾客人数也较多，人多有人多的好处，兴趣多，话题多，因为每个人的兴趣爱好、知识面不同，所以话题尽量不要太偏，避免唯我独尊，天南海北，神侃无边，从而出现跑题现象，而忽略了其他人。特别是年轻人，一时兴起就容易嘴上跑火车，只顾自己开心而忽略了众人，因此要特别注意。海侃胡说要注意，窃窃私语更要注意，如果你的话题能够得到大部分参与者的认同，你不妨将它放在台面上来讲，尽量不要和邻座的人贴耳小声私语，这样容易给别人一种神秘感，产生“就你俩关系好”的嫉妒心理，势必会影响宴席的目的和效果，同时对于你进一步开展商务活动也会带来一定的负面影响。

(2) “请”和“谢谢”没那么难

很多人认为做事不应拘泥于小节，即使有人帮自己传一双筷子或者递一下茶壶，也无须太过客气。有时会在宴席上看到一些人在享受别人的服务或者帮助时无动于衷，身子懒得动，嘴巴懒得动，甚至连一个感谢的微笑也没有——说一句“请”和“谢谢”真的有那么难吗？实际上，这并不仅仅是一句客气话的事，而是礼仪淡漠的问题。朋友家人之间太多客气会显得有些生分，但在正式场合，尤其是有多人在场的商务宴会上，请你一定要注意礼貌和礼仪。在别人替你转桌的时候，向对方点头说一句：“谢谢您的关照。”在需要别人帮忙的时候，真诚而谦恭地说一句：“请您帮我拿一下……好吗？”这不但是对对方付出的肯定和感激，也是自身修养的体现。

(3) 烘托气氛，把握大局

只要是商务宴会，大都会有一个目的，或者是联络感情，或者是加强业务往来，因此宴会就不仅仅是吃那么简单了。有些人在宴会上常常从头坐到尾，一言不发，除了全身心地享受菜品的美味之外，将商务目的全然抛之脑后。与周围的人适当做些沟通，不但可以烘托宴会气氛，也是创建人脉的大好时机。此时此刻，别让饭菜和酒肉喧宾夺主，否则一顿饭下来，你很可能失去一个强有力的合作伙伴，甚至一段可以助你一步登天的贵人之缘。

(4) 敬酒有序，主次分明

每一顿宴会都不会少了酒，因此关于喝酒和敬酒的细节尤为重要。尤其是商务宴会中，在座的很多人都是陌生人或者不太熟悉的人，这时敬酒的顺序就显得尤为重要。先给谁敬后给谁敬一定要做到心里有数。在不清楚宾客身份职位的时候，可以提前打听一下对方的身份职位，或者看自己的领导同事都是怎么敬酒的，可以效仿照搬，切忌糊里糊涂端起酒就敬，最后出现尴尬的场面。尤其是有业务往来或者有求于人时，敬酒要格外谨慎，如果在场有更高身份或年长的人，则不应只对能帮你忙的人毕恭毕敬，也要先给尊者长者敬酒，不然会使大家都很难为情。

(5) 文明用餐，切忌随性而为

吃西餐有一套专门的西餐礼仪，这里不再赘述。按理说中国人吃中餐再熟悉不过，可实际上，商务宴会中，因为用餐细节而破坏商务目的的人比比皆是。比如很多人在吃饭的时候不会正确使用筷子。很多人看到这里纳闷，怎么可能不会正确使用筷子？的确如此。有的人在进餐中需要使用别的餐具，就直接把筷子放在杯子或者盘子上，这样容易将筷子碰散落地上。还有的人举着筷子，面对满桌丰盛的菜品不知道该吃哪一道菜，或者在某道菜的盘子里拨来拨去、翻来翻去最后却没有夹菜，这个举动会让周围的宾客食欲全无。还有的人用筷子夹着食物，却用舌头去舔，或者用筷子将自己面前的餐具推远一点，或者把筷子当道具随意挥舞，更有甚者用手捏起小碗或者小碟击打桌面……

在进餐时，有的人不注意细节，喜欢吃饭发出响亮的声音，特别在喝汤的时候，喜欢发出“吧嗒吧嗒”的声音，显示汤的鲜美，可对别人来说，这个声音实在让人倒胃口。对于鱼虾、鸡肉之类的食物，难免会有骨头等食物残渣，很多人就将这些食物残渣吐在餐桌上，弄得狼藉一片。剔牙时毫不避讳别人，一边咧着嘴一边剔着牙，别人看了恨不得马上离开座位。

7. 优雅女人不应有的举动

你美丽的部分不只是你那漂亮的脸蛋，优雅的举止其实更能获得别人的赞扬。

女人是最亮丽的一道风景线，她们美丽、优雅、可爱，然而一些女人到了社交场合就变成了“霉女”，她们的种种举动让人叹为观止继而敬而远之。这实在是一件令人惋惜的事，美女们最好都注意自己的风度与仪态，不要在社交场合上给人留下不好的印象。

让我们看看，哪些是各式社交场合上优雅女人不应有的举动。

与同伴耳语

在众目睽睽下与同伴耳语是很不礼貌的事。耳语可被视为不信任在场人士所采取的防范措施，要是你在社交场合总是耳语，不但会招惹别人的注视，而且会令人对你的教养表示怀疑。

放声大笑

另一种令人觉得你没有教养的行为就是失声大笑。即使你听到什么闻所未闻的趣事，在社交活动中，也得保持仪态，顶多报以一个灿烂笑容即止。

口若悬河

在宴会中若有男士向你攀谈，你必须保持落落大方的态度，简单回答几句即可。切忌慌乱不迭地向人“报告”自己的身世，或向对方详加打探祖宗家业，不然就要把人家吓跑，或被视作长舌妇人了。

跟人说长道短

长舌的女人肯定不是有风度教养的社交人物。就算你穿得珠光宝气，一身雍容华贵，若在社交场合说长道短、揭人私隐，必定会惹人反感。再者，这种场合的“听众”虽是陌生者居多，但所谓“坏事传千里”，只怕你不礼貌不道德的形象从此传扬开去，别人自然对你“敬而远之”。

严肃木讷

在社交场合中滔滔不绝、谈论不休固然不好，但面对陌生人就俨如哑巴也不可取。其实，面对初次相识的陌生人，你也可以由交谈几句无关紧要的话开始，待引起对方及自己谈话的兴趣时，便可自然地谈笑风生。若老坐着三缄其口，一脸肃穆的表情，就跟欢愉的宴会气氛便格格不入了。

在众人面前化妆

在大庭广众下涂施脂粉、涂口红都是很不礼貌的事。要是你需要修补脸上的妆，必须到洗手间或附近的化妆间去。

忸怩羞怯

在社交场合中，假如发觉有人经常注视你，特别是男士，你也要表现得从容镇静。如果对方是从前跟你有过一面之缘的人，你可以自然地跟他打个招呼，但不可过分热情或过分冷淡，免得有失风度。若对方跟你素未谋面，你也不要太过忸怩忐忑，又或怒视对方，有技巧地离开他的视线范围是最明智的做法。

吝惜笑容

不单在旅游业提倡礼貌、微笑服务，各行各业的工作人员对客户、业务伙伴或生活伴侣礼貌周全，保持可掬的笑容。的确，不论是微笑，还是快乐的笑、傻笑、哈哈大笑……笑总是给别人舒适的感觉的。而“笑”也正是女人有魅力的表现。

纵然你不是那类天生喜欢笑的女人，但在社会上活动也不能过分吝惜笑容。尽管工作令你很疲劳，又或连续加班，忙得地暗天昏，见到别人也还是要展现可爱的笑容。

缺乏教养与礼貌

如何使陌生人也觉得你可爱？礼貌是不可或缺的要素。在这个生活紧张的社会里，日常看到女子失态的真实例子极多。如乘搭地铁、火车或巴士时，争先恐后地挤入车厢，还要跟别人争座位，更不堪的是，坐下后还要露出沾沾自喜的神色。这是一种令人难以接受的失态，须知这类没有教养的行为，会叫别人在心里觉得你自私无礼。

礼仪是女人们成功的通行证，女人们除了要具备美丽优雅，气质上令人愉悦，令人乐于接近的优点以外，还应该注意在各种社交场合的表现，别做出与自身不相称的行为，毁了自己的形象。

其他常见的不良举止

女人要提高礼仪修养，首先应该克服不良举止，以下的一些举止正是有些女人在不经意间流露出来的，但是却带来了很不好的影响。作为一个优雅的女人尤其要注意。

（1）随便吐痰

吐痰是最容易直接传播细菌的途径，女人随地吐痰是非常没有礼貌而且绝对是影响环境、影响身体健康的。如果你要吐痰，把痰抹在纸巾上，丢进垃圾箱，或去洗手间吐痰，但不要忘了清理痰迹和洗手。

（2）随手扔垃圾

随手扔垃圾是应当受到谴责的最不文明的举止之一。

（3）当众嚼口香糖

有些女人会嚼口香糖以保持口腔卫生，那么，女人应当注意在嚼口香糖时的形象。咀嚼的时候闭上嘴，不能发出声音，并把嚼过的口香糖用纸包起来，扔到垃圾箱。

（4）当众挖鼻孔或掏耳朵

有些女人习惯用小指、钥匙、牙签、发夹等当众挖鼻孔或者掏耳朵，这是一种很不好的习惯。尤其是在餐厅或茶坊，别人正在进餐或饮茶，这种不雅的小动作往往令旁观者感到非常恶心。这是很不雅的举动。

（5）当众挠头皮

有些头皮屑多的女人，往往在公众场合忍不住头皮发痒而挠起头皮来，顿时皮屑飞扬四散，令旁人大感不快。特别是在那种庄重的场合，这样是很难得到别人的谅解的。

（6）在公共场合抖腿

有些女人坐着时会有意无意地双腿颤动不停，或者让跷起的腿像钟摆似的来回晃动，而且自我感觉良好，以为无伤大雅。其实这会令人觉得很不舒服。这不是文明的表现，也不是优雅的行为。

（7）当众打哈欠

在交际场合，打哈欠给对方的感觉是：你对他不感兴趣，表现出很不耐烦。因此，如果你控制不住要打哈欠，一定要马上用手盖住你的嘴，跟着说声："对不起。"